Wissenschaftliche Taschenbücher WTB

Mathematik · Physik

A. A. Sokolow

Elementarteilchen

Akademie-Verlag · Berlin
Pergamon Press · Oxford
Vieweg & Sohn · Braunschweig

WTB

BAND 25

A. A. Sokolow

Elementarteilchen

Mit 14 Abbildungen und 5 Tabellen

AKADEMIE-VERLAG · BERLIN

PERGAMON PRESS · OXFORD

VIEWEG & SOHN · BRAUNSCHWEIG

Reihe MATHEMATIK UND PHYSIK

Verantwortlicher Herausgeber dieses Bandes:
Prof. Dr. G. Heber

Übersetzung aus dem Russischen:
Dipl.-Phys. A. Meyer

Bearbeitung der deutschen Ausgabe:
Dr. U. Kundt

1968

Lizenznummer: 202 · 100/552/68
Herstellung: VEB Druckerei „Thomas Müntzer", 582 Bad Langensalza
Bestellnummer: Akademie-Verlag 7025 · ES 18 B 1/19 B 4
Pergamon Press 08 003922 7
Vieweg & Sohn 6025
Printed in German Democratic Republic

Inhaltsverzeichnis

1. Einführung

Die Entwicklung der modernen Physik ist eng verbunden mit der Entwicklung der Atomphysik. Bekanntlich nennt man das kleinste Teilchen eines chemischen Elementes Atom. Dieser Begriff stammt aus dem Griechischen und bedeutet soviel wie „nicht teilbar". Weitere Untersuchungen zeigten die Kompliziertheit des Atoms, das aus noch kleineren Komponenten, den sogenannten Elementarteilchen, besteht.

Anfänglich enthielt der Terminus *elementar* (genau wie seiner Zeit der Terminus *Atom*) den Begriff der Nichtteilbarkeit. Zur Zeit arbeiten die Wissenschaftler an der Erforschung der Struktur der Elementarteilchen, und deshalb versteht man jetzt diese Nichtteilbarkeit im gewissen Sinne mit Vorbehalt.

Bei der Untersuchung des Atoms spielen die vier Elementarteilchen: Proton (p), Neutron (n), Elektron (e) und Photon (γ) die Hauptrolle. Nach der Theorie von IWANENKO und HEISENBERG bilden Protonen und Neutronen den Kern, der den dichtesten Teil des Atoms darstellt (Abb. 1).

Um den Kern kreisen Elektronen, die im Atom durch die COULOMB-Anziehung des Kerns gehalten werden (Planetenmodell des Atoms nach RUTHERFORD).

Beim Übergang der Elektronen von einem höheren zu einem niederen Energieniveau bilden sich im Atom Photonen. Bei einem entgegengesetzten Übergang werden Photonen vom Atom absorbiert.

Wir betrachten hier vor allem diese vier Elementarteilchen.

Ihre Hauptmerkmale sind Ruhemasse, Ladung und Spin. Letzterer beschreibt die Rotation des Teilchens, d. h. seine inneren Eigenschaften.

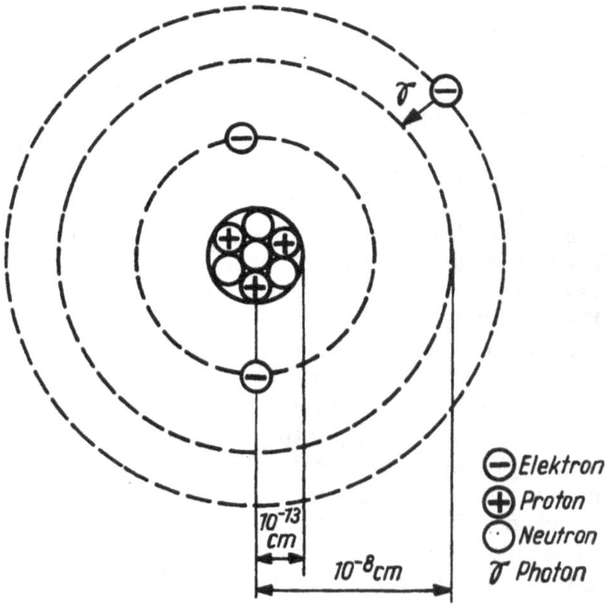

Abb. 1. Planetenmodell des Atoms

Die Einheit der Ruhemasse und der Ladung in der Atomphysik sind die Ruhemasse des Elektrons $m_0 = 0{,}9 \cdot 10^{-27}$ g und die Elementarladung $e = 4{,}8 \cdot 10^{-10}$ CGSE. Den Spin mißt man gewöhnlich in Einheiten von $\hbar$.

Dann erhalten wir

für das Elektron $m_e = m_0$; $e_e = -e_0$; $s_e = {}^1/_2$;

für das Proton $m_p = 1836\, m_0$; $e_p = e_0$; $s_p = {}^1/_2$;

für das Neutron $m_n = 1838\, m_0$; $e_n = 0$; $s_n = {}^1/_2$.

Weil das Elektron ein geladenes Teilchen ist, führt das Vorhandensein des Spins s (d. h. des Eigen-Drehmomentes) zur Erzeugung eines magnetischen Momentes des Elektrons, dessen Projektion in Spinrichtung ein negatives Vorzeichen hat, da

$$e_e = -e_0 < 0, \tag{1}$$

$$\mu_e = -\mu_0 = -\frac{e_0}{2m_0c}\hbar, \tag{2}$$

wobei μ_0 das BOHRsche Magneton ist, und die PLANCKsche Konstante

$$h = 2\pi\hbar = 6{,}62 \cdot 10^{-27}\,\text{erg} \cdot \text{sec}.$$

Auch Proton und Neutron besitzen ein magnetisches Moment. Darauf werden wir jedoch später näher eingehen.

Zunächst betrachten wir das Photon. Lange Zeit wurde angenommen, daß Licht elektromagnetische Wellen und die Elektronen Korpuskeln, d. h. Teilchen, sind.

Dann entdeckte man auch beim Licht korpuskulare Eigenschaften (nach der EINSTEINschen Photonentheorie ist die Energie eines Lichtquants mit der Frequenz ν gleich $\varepsilon = h\nu$), die sich z. B. bei der Ausstrahlung von Photonen zeigen, bei den Elektronen dagegen Welleneigenschaften $\left(\text{DE BROGLIE-Wellenlänge } \lambda = \frac{h}{m_0 v}\right)$, die man unter anderem beim Durchgang von Elektronen mit der Geschwindigkeit v durch einen Kristall (Diffraktion der Elektronen) beobachten kann. Inzwischen hat sich ein neues Spezialgebiet, die *Elektronenoptik*, herausgebildet. Mit ihrer Hilfe ist es möglich, komplizierte Konstruktionen von Elektronenmikroskopen u. ä. zu berechnen.

Die Photonen unterscheiden sich von den Elektronen vor allem durch das Fehlen einer Ruhemasse ($m_\gamma = 0$) und durch den Spin (der Spin des Photons ist 1).

Im Folgenden gehen wir näher auf die Vorhersage und die Entdeckung neuer Elementarteilchen ein.

2. Die Vorhersage des Positrons durch Dirac und sein experimenteller Nachweis

Bekanntlich fand DIRAC eine Wellengleichung, die nicht nur die relativistischen, sondern auch die Spineffekte berücksichtigte.

Die DIRACsche Entdeckung hat für die Wissenschaft die gleiche Bedeutung, wie die Entdeckung der drei Grundgesetze der Mechanik und des NEWTONschen Trägheitsgesetzes oder der fundamentalen Gleichungen des elektromagnetischen Feldes durch MAXWELL oder der EINSTEINschen Relativitätstheorie.

Die halbklassische Theorie von BOHR und auch die Wellengleichung von SCHRÖDINGER erwiesen sich als vorbereitende Theorien; man kann sie als Zwischenetappen auf dem Wege zur Schaffung der DIRACschen Theorie betrachten.

Durch die Wellengleichung von DIRAC gelang es erstmalig, die Feinstruktur der Spektrallinien wasserstoffähnlicher Atome richtig zu erklären, und die Theorie der Aufspaltung der Spektrallinien von Atomen, die sich im Magnetfeld befinden (normaler und anomaler ZEEMANN-Effekt), zu schaffen.

Damals schien es zunächst so, daß die DIRACsche Theorie zu offenbar unüberwindlichen Schwierigkeiten führt, die mit der Interpretation der negativen Energiezustände verbunden sind. Eine genauere Analyse führte jedoch zu neuen fundamentalen Entdeckungen, die heute die Grundlage der gesamten modernen Elementarteilchenphysik bilden.

Tatsächlich hängt in der relativistischen Mechanik die Energie E eines freien Teilchens mit seinem Impuls p und seiner Ruhemasse m_0 durch die Beziehung

$$E^2 = c^2 p^2 + m_0^2 c^4 \tag{3}$$

zusammen, wobei c die Lichtgeschwindigkeit ist. Diese Beziehung hat zwei gleichberechtigte Lösungen

$$E = \pm |E|, \qquad |E| = \sqrt{c^2 p^2 + m_0^2 c^4}; \tag{4}$$

eine entspricht der positiven Energie, die andere der negativen. Zustände mit negativer Energie sind offenbar nicht real, denn das Gebiet der negativen Energie reicht bis ins Unendliche ($E \to -\infty$); daher kann kein stabiler kleinster Energiezustand existieren (Abb. 2).

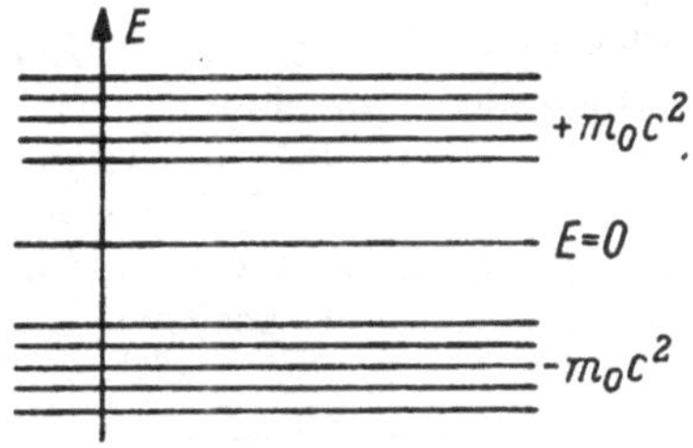

Abb. 2. Schema der möglichen Energieniveaus eines freien DIRAC-Teilchens

In der klassischen Physik kann sich bei der Bewegung eines Teilchens seine Energie nur stetig ändern, und deshalb sind Übergänge aus Zuständen positiver Energie ($E > m_0 c^2$) in Zustände negativer Energie ($E < -m_0 c^2$) absolut verboten, da sich dabei die Energie sprunghaft ändert ($\Delta E \geqq 2 m_0 c^2$). Wenn man also zu Beginn Zustände negativer Energie ausschließt, so können wir sie im weiteren nicht einführen, d. h., hier bereitet die negative Energie keine Schwierigkeiten.

Ganz anders ist es in der Quantentheorie, wo auch Übergänge mit einer diskreten Energieänderung möglich sind. Hier können Zustände negativer Energie nicht mechanisch ausgeschlossen werden, da die Übergangswahrscheinlichkeit zwischen den Niveaus mit den Energien $+m_0c^2$ und $-m_0c^2$ verschieden von Null ist.

Nachdem DIRAC seine relativistische Theorie (1928) publiziert hatte, betonte zunächst niemand diese Schwierigkeit. Die Mehrzahl der Autoren schlugen vor, den negativen Energiezustand, wie in der klassischen Theorie, einfach zu vernachlässigen. Weil diese Vernachlässigung in der Quantentheorie mathematisch nicht zulässig war, wurde das Vorhandensein eines negativen Energiezustandes „Plus-Minus-Schwierigkeit" genannt.

Diese Frage blieb eine Reihe von Jahren offen, und erst 1931 fand DIRAC selbst ihre originelle Lösung. Er nahm an, daß alle Zustände negativer Energie mit Elektronen besetzt sind. In Übereinstimmung mit dem PAULI-Prinzip, nach dem sich in jedem Quantenzustand nicht mehr als ein Elektron befinden darf, können deshalb Elektronen mit positiver Energie diese besetzten Zustände nicht einnehmen.

Nach DIRAC stellt der leere Raum (Vakuum) in Wirklichkeit eine Art „Elektronen-Meer" dar. Die Elektronen bevölkern alle Zustände mit negativer Energie, während alle Zustände mit positiver Energie frei bleiben (Abb. 3).

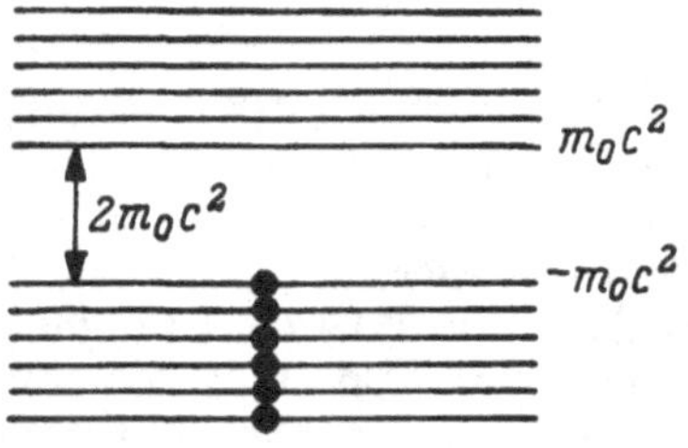

Abb. 3.
Schema des Grundzustandes des Elektronen-Positronen-Vakuums

Nehmen wir jetzt an, daß ein γ-Quant mit einer Energie größer als $2m_0c^2$ auf ein Elektron des Vakuums wirkt und es in einen Zustand positiver Energie überführt (Abb. 4).

In diesem Falle wird anstelle des absorbierten γ-Quants ein Elektron mit positiver Energie erzeugt und gleichzeitig wird ein „Loch" auf dem Untergrund des „Meeres" der Elektronen mit negativer Energie, das eine negative Ruhemasse besitzt, entstehen:

$$m = -\frac{|E|}{c^2} < 0. \tag{5}$$

Da die Beschleunigung der Teilchen gleich dem Verhältnis aus Kraft und Masse ist, werden sich die Teilchen mit negativer Masse in die der Kraft entgegengesetzte Richtung bewegen.[1])

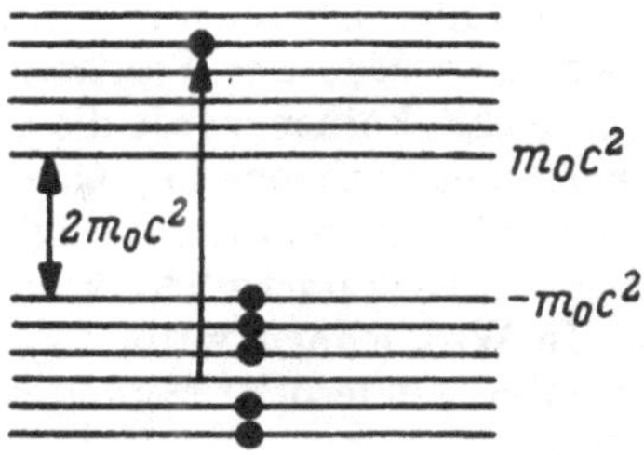

Abb. 4.
Schema der Bildung eines Elektronen-Positronen-Paares

Was das „Loch" betrifft, so muß seine Bewegung an die Bewegung einer Blase im Meer erinnern.

Bekanntlich bewegt sich die Blase im Meer durch die Schwerkraft nach oben, d. h. entgegen der Bewegung des Wassers. Wenn Wasser eine negative Masse besäße, so würde es sich durch die Erdanziehungskraft nach oben bewegen (wenn die Gravitationsmasse hierbei positiv bleibt). Die Blase im Meer sinkt dann auf den Meeresboden wie ein Teilchen mit positiver Masse.

Die Ladung des Vakuums (d. h. der Zustände mit negativer Energie) vergrößert sich bei der Erzeugung eines „Loches" etwas, da im Vakuum in diesem Falle ein negativ geladenes Elektron fehlt. Deshalb verhält

[1]) Ein Elektron mit negativer Masse muß eine Reihe seltsamer Eigenschaften besitzen, während es z. B. einerseits ein Elektron mit positiver Masse abstößt, wird es andererseits von diesem elektrisch angezogen.

sich ein „Loch" auf dem Untergrund des „Meeres" der Elektronen mit negativer Energie nicht nur wie ein Teilchen mit positiver Masse, die gleich der Elektronenmasse ist, sondern auch als Teilchen mit positiver Ladung. Dieses Teilchen nannte man *Positron*.

Diese Theorie gestattet auch den umgekehrten Prozeß — beim Vorhandensein des Positrons (d. h. eines „Loches" auf dem Untergrund des negativen Niveaus) kann ein Elektron mit positiver Energie in dieses „Loch" übergehen, indem es γ-Quanten ausstrahlt, deren Frequenz aus dem Energieerhaltungssatz bestimmt werden kann (Abb. 4).

In voller Übereinstimmung mit der DIRACschen Vorhersage wurde das Positron Ende 1932 von ANDERSON entdeckt. Ferner wurde die Umwandlung eines Elektrons und eines Positrons in γ-Quanten experimentell bewiesen. Dieser Prozeß wurde im Englischen *Annihilation* genannt, was wörtlich übersetzt „Vernichtung" bedeutet.[1])

In Wirklichkeit werden die Teilchen jedoch nicht vernichtet, sondern sie werden in andere Teilchen umgewandelt.

Von diesem Augenblick an begann eine neue Epoche in der Entwicklung der Theorie der Elementarteilchen; die Theorie berücksichtigte nunmehr ihre gegenseitige Umwandlung.

Viele große Entdeckungen sind häufig mit legendären Anekdoten verknüpft, die berichten, wie es zu diesen Entdeckungen kam. Zum Beispiel ist die Legende bekannt, daß NEWTON das Gesetz der Schwerkraft entdeckte, als er angeblich den Fall eines Apfels zur Erde analysierte.

In Cambridge (England) erzählt man sich eine Geschichte, wie DIRAC der Gedanke kam, das „Loch" im Untergrund der negativen Energie als Positron zu interpretieren. DIRAC nahm gern an Wettbewerben teil, die von den Studenten der mathematischen Gesellschaft

[1]) Im Deutschen sind die Bezeichnungen „Paarvernichtung" oder „Zerstrahlung" üblich (Anm. d. dtsch. Red.).

Cambridge organisiert wurden. Eine Aufgabe bestand in folgendem:

Drei Fischer fingen Fische und blieben am Fluß, um zu übernachten. Der erste Fischer erwachte, beschloß nach Hause zu gehen und wollte seinen Beuteanteil mitnehmen. Er stellte fest, daß er die Beute in drei Teile aufteilen kann, wenn er einen Fisch ins Wasser zurückwarf. Das tat er, nahm ein Drittel der Beute und ging heim. Bald darauf erwachte der zweite Fischer, der nicht ahnte, daß der erste den Heimweg angetreten hatte. Auch er begann die Beute zu teilen. Wie der erste Fischer teilte er den ganzen Fang in drei Teile und stellte auch fest, daß ein Fisch übrigblieb. Er warf ihn weg, nahm sein Drittel der Beute und ging nach Hause. Die gleiche Handlung nahm auch der dritte Fischer vor; denn bei der Teilung des restlichen Fangs blieb wieder ein Fisch übrig. Die Aufgabe bestand nun darin, zu bestimmen, wieviel Fische anfangs vorhanden waren. Ferner sollte die minimal zulässige Zahl angegeben werden.

Wenn man diese Rechnung auf triviale Art und Weise durchführt, so erhält man als Antwort 25 Fische. DIRAC jedoch fand eine andere Antwort: minus zwei (—2). Tatsächlich, wenn man davon einen Fisch wegwirft, so verbleiben minus drei, die man in drei Teile teilen kann, und für den nächsten Fischer verbleiben wieder minus zwei Fische usw. Nach dieser Anekdote führte das weitere Nachdenken über dieses scheinbar vollkommen paradoxe Ergebnis DIRAC zur größten Entdeckung der Gegenwart.

Es muß noch bemerkt werden, daß Elektron und Positron auch ein atomähnliches System vom Typ des Wasserstoffatoms, bei dem das Proton durch ein Positron ersetzt ist, bilden können. Diese Verbindung heißt *Positronium.* Die Lebensdauer des Positroniums hängt vom Gesamtspin des Systems ab, denn bei der Annihilation, d. h. bei der gegenseitigen Umwandlung der Teilchen in γ-Quanten müssen die Erhaltungssätze des Impulses und des Spins erfüllt sein.

Parapositronium (Elektron- und Positronspin sind antiparallel) kann in zwei γ-Quanten zerfallen, die in entgegengesetzte Richtungen mit entgegengesetztem Spin auseinander fliegen (Gesamtimpuls und Gesamtspin der γ-Quanten sind also auch Null). Die Lebensdauer des Parapositroniums beträgt $1{,}25 \cdot 10^{-10}$ sec.

Der Spin des *Orthopositroniums* beträgt Eins. Es kann nicht (wie auch das Parapositronium) in ein γ-Quant zerfallen, da in diesem Falle der Erhaltungssatz des Impulses verletzt wird. Beim Zerfall des Orthopositroniums in zwei γ-Quanten wird der Spinerhaltungssatz nicht erfüllt, da der Spin für zwei γ-Quanten entweder 0 oder 2 ist. Nur beim Zerfall in drei γ-Quanten wird gleichzeitig der Impuls- und der Spinerhaltungssatz erfüllt. Deshalb verringert sich die Zerfallswahrscheinlichkeit des Orthopositroniums stark, und seine Lebensdauer vergrößert sich. Sie beträgt ungefähr $1{,}4 \cdot 10^{-7}$ sec. Ortho- und Parapositronium wurden schon experimentell nachgewiesen und finden in vielen Gebieten der Physik eine breite Anwendung bei Untersuchungen, einschließlich des Gebietes der kondensierten Medien.

Es soll noch bemerkt werden, daß die gegenwärtige Vakuumtheorie wesentlich komplizierter ist als ihre erste DIRACsche Variante.

Zum Beispiel muß die gesamte Theorie symmetrisch sein in bezug auf die Vertauschung der Elektronen durch Positronen. Wenn wir etwas berechnen (ausgehend davon, daß das Elektron ein Teilchen und das Positron ein „Loch“ ist), so müssen wir die Rechnung wiederholen, jetzt unter der Annahme, daß das Positron ein Teilchen und das Elektron ein „Loch“ ist. Das richtige Ergebnis ist dann gleich dem arithmetischen Mittel dieser beiden Berechnungen. Vor allem folgt daraus, daß die Ladung des Vakuums Null sein muß.

Mit Hilfe der Theorie des Elektronen-Positronen-Vakuums kann man die Umwandlung eines γ-Quants in ein Elektronen-Positronen-Paar und umgekehrt berechnen. Damit bei der umgekehrten Umwandlung die Erhaltungssätze der Energie und des Impulses streng erfüllt sind, muß die Zahl der γ-Quanten mindestens Zwei betragen.

Die Paarbildung geht in der Regel in der Umgebung eines Kerns vor sich, der einen Teil des Impulses aufnimmt und ein γ-Quant absorbiert.

Außerdem wies die Theorie des Elektronen-Positronen-Vakuums einen neuen Zugang zur Frage der Elementarteilchenstruktur. Es ist bekannt, daß schon LORENTZ auf den engen Zusammenhang zwischen Elektron und seinem erzeugenden elektromagnetischen Feld hingewiesen hat. Genauer nahm er an, daß die ganze Masse des Elektrons durch die Energie U dieses elektromagnetischen Feldes bestimmt wird:

$$m^{el} = \frac{U}{c^2} = \frac{b e_0^2}{c^2 r_0}, \tag{6}$$

wobei c die Lichtgeschwindigkeit und b ein Koeffizient der Größenordnung Eins ist, der von der Ladungsverteilung innerhalb des Elektrons, das eine Kugel mit dem Radius r_0 darstellen soll, abhängt.

Anfangs sprach für die LORENTZsche Theorie der elektromagnetischen Masse ihre Abhängigkeit von der Geschwindigkeit v:

$$m^{el} = m_0 \Big/ \sqrt{1 - \frac{v^2}{c^2}}, \tag{7}$$

denn man nahm an, daß sich die feldunabhängige Masse nicht mit der Geschwindigkeit ändert.

Jedoch entfiel dieses Argument zugunsten der elektromagnetischen Masse nach dem Bekanntwerden der Relativitätstheorie vollständig; denn aus ihr folgt, daß sich die feldunabhängige Masse mit der Geschwindigkeit nach dem gleichen Gesetz verändern muß wie die elektromagnetische. Irgendwelche anderen strukturellen Besonderheiten des Elektronenbaus konnte die Theorie der elektromagnetischen Masse nicht erklären, sondern sie führte nur zu einer Reihe widersprüchlicher Schlußfolgerungen.

In der bezüglich der Elektronen und Positronen symmetrischen Vakuumtheorie wird diese elektromagnetische Masse Null (tatsächlich, wenn wir das Elektron als Teilchen betrachten, erhalten wir einen positiven Wert für die elektromagnetische Masse und wenn wir es als „Loch" betrachten einen negativen).

Das Vakuum selbst jedoch erinnert im gewissen Sinne an ein Dielektrikum, und deshalb kann es durch eine beliebige Ladung polarisiert werden, was sich seinerseits auf die Eigenschaften des Elektrons auswirken muß. Nach der Vakuumtheorie muß der Hauptteil der Elektronenmasse, die sogenannte eingeprägte Masse (m^{ei})[1]) *feldunabhängigen Charakter* haben. Durch die Wechselwirkung mit dem Vakuum ergibt sich eine zusätzliche Masse, die nur einen kleinen Beitrag liefert:

$$\Delta m^{\mathrm{Vak}} \sim \frac{1}{137} m^{ei}, \tag{8}$$

wobei $\frac{1}{137} = \frac{e_0^2}{c\hbar}$ die Feinstrukturkonstante ist. Deshalb ist die gesamte, d. h. die experimentell beobachtete Masse des Elektrons gleich der Summe dieser Massen:

$$m_0 = m^{ei} + \frac{b}{137} m^{ei}, \tag{9}$$

wobei b ein Koeffizient der Größenordnung Eins ist.

Genauso führt die Wechselwirkung des Elektrons mit dem Elektronen-Positronen-Vakuum zur Verkleinerung der eingeprägten Ladung, und deshalb ist die beobachtete Ladung gleich

$$e = e^{ei}\left(1 - \frac{b_1}{137}\right) = -e_0. \tag{10}$$

Bis heute hat noch niemand die eingeprägten und feldbedingten Teile der Ladung beobachtet.

---

[1]) D. h. der Teil der Masse, welcher nicht der Feldenergie entspringt („mechanische" oder auch „nackte" Masse).

Dessen ungeachtet erklärten diese Schlußfolgerungen eine Reihe von Fakten, die experimentell gut fundiert waren.

Betrachten wir vor allem die LAMBsche Verschiebung (Lamb-shift) der Energieniveaus im Atom. Nach der DIRACschen Theorie müssen im Wasserstoffatom die Niveaus $2s_{1/2}$ (Hauptquantenzahl $n = 2$, Drehimpulsquantenzahl $l = 0$, innere Quantenzahl $j = 1/2$) und

$$2p_{1/2}\,(n = 2,\ l = 1,\ j = 1/2) \tag{11}$$

zusammenfallen. Jedoch zeigte das Experiment von LAMB, daß das Niveau $2s_{1/2}$ relativ zum Niveau $2p$ um den Wert 1058 MHz $= 1058 \cdot 10^6\,\text{sec}^{-1}$ nach oben verschoben sein muß.[1]) Obwohl diese Aufspaltung sehr klein ist und in Wellenlängen

$$\Delta\lambda = \frac{c}{1058 \cdot 10^6} \approx 28\ \text{cm} \tag{12}$$

entspricht, hat sie eine prinzipielle Bedeutung, denn sie beweist die Möglichkeit der Polarisation des Vakuums.

Eine sehr anschauliche Erklärung für die Niveauverschiebung gab WELTON. Nach seiner Theorie soll die Elektronenbewegung an die Bewegung eines BROWNschen Teilchens erinnern. Wie bekannt, wird die Bewegung des BROWNschen Teilchens durch die Stöße der sich chaotisch bewegenden Moleküle des umgebenden Mediums erzeugt.

Genauso beeinflussen die Bewegung des Elementarteilchens die verschiedenartigsten „Stöße" einer Vielzahl von virtuellen Photonen, Elektronen und Positronen,

---

[1]) Die starke Wechselwirkung des Vakuums nur für das s-Niveau kann man folgendermaßen erklären: Sowohl im elektromagnetischen als auch im Elektronen-Positronen-Vakuum spielt die sogenannte Kontaktwechselwirkung die Hauptrolle, sie ist der δ-Funktion proportional, die nur bei der direkten Berührung von Elektron und Proton auftritt. Da nur für das s-Niveau die Wellenfunktion im Kernzentrum verschieden von Null ist, muß es die große Verschiebung erfahren.

die durch das Vakuum gebildet werden. Das führt dazu, daß das Elektron eine chaotische Bewegung ausführt in einem Raumbereich mit einem Radius, der gleich dem geometrischen Mittel aus dem Radius des Elektrons $r_0 = e_0^2/m_0c^2$ und der COMPTON-Wellenlänge ist:

$$\lambda_0 = \frac{h}{m_0 c}, \tag{13}$$

$$R = \sqrt{r_0 \lambda_0} \approx 10^{-12}\ \text{cm}. \tag{14}$$

Obwohl die eingeprägten Größen des Elektrons augenblicklich noch unbekannt bleiben (man nimmt das „nackte" Elektron als Punkt an), ist es umgeben von einer Elektronen-Positronen-„Wolke" mit den Ausmaßen von etwa $R \approx 10^{-12}$ cm, wobei die Wechselwirkung zwischen dem „nackten" Elektron und dieser „Wolke" durch das elektromagnetische Feld vermittelt wird.

Wenn man diese Idee weiterentwickelt, könnte man versuchen, den statistischen Charakter der Wellenmechanik als Ergebnis der Wechselwirkung des Elektrons mit dem Vakuum zu erklären. Bekanntlich kann die Wellentheorie nur mit einer bestimmten Wahrscheinlichkeit, die durch die Ungenauigkeitsrelation bestimmt ist, die Koordinate und den Impuls des Teilchens vorhersagen (statistische Interpretation von BORN). Das heißt, daß beim gleichzeitigen Vorhandensein vieler Teilchen, die sich im gleichen Zustand befinden, oder bei vielfacher Wiederholung gleicher Zustände mit einem einzelnen Teilchen, die bezeichnete Streuung das typische Wellenbild für die Teilchenverteilung liefert, z. B. bei der Beugung (quantenmechanische Gesamtheit nach BLOCHINZEW und NIKOLSKY).

Die Kopenhagener Schule (BOHR, HEISENBERG u. a.) verbindet diese Streuung mit einer nichtkontrollierbaren Einwirkung des makroskopischen Beobachters auf das mikroskopische Objekt (z. B. auf ein Elektron), d. h., damit wurden in die Wissenschaft der Mikrowelt Elemente des Positivismus getragen.[1])

[1]) Aus der Quantenmechanik folgt streng die Ungenauigkeitsrelation. Sie bestimmt die Genauigkeit, mit der man Koordinate und Impuls eines Teilchens theoretisch vorhersagen kann. BOHR und HEISENBERG versuchen das Korrespondenzprinzip zur Grundlage für die physikalische Begründung der Ungenauigkeitsrelation zu machen (Kopenhagener Interpretation der Quantenmechanik), dessen Einführung durchaus nicht notwendig ist und das darüber hinaus viele Diskussionen auslöst.

Zweifelsohne haben BOHR und HEISENBERG außerordentlich viel für die Entwicklung der Quantentheorie getan. Das heißt jedoch nicht, daß man ihre ganze methodische Konzeption, darunter auch das Korrespondenzprinzip, übernehmen muß.

Nach dem Korrespondenzprinzip sollen zwei Klassen von Versuchsanordnungen existieren. Die eine gestattet die Messung der Raumkoordinaten mit beliebiger Genauigkeit, die andere die der entsprechenden Impulskomponenten. Da bei der Verwendung der ersten Klasse die Versuchsanordnungen der letzteren auf den Impuls einwirken, und die Einwirkung nicht kleiner als eine bestimmte Grenze sein kann, und sie bei der Benutzung der zweiten Klasse auf die Koordinaten wirken, muß nach der Meinung der Vertreter der Kopenhagener Schule eine gewisse endliche Grenze unserer Erkenntnis der Mikrowelt existieren. Diese Vorstellung wird sogar zu einem besonderen Prinzip erhoben, daß, wenn man es überspitzt deutet, etwa lautet: Mit dem Verschwinden der Geräte müssen auch die Wellengesetzmäßigkeiten der Mikrowelt verschwinden.

Faktisch kann das Korrespondenzprinzip, das eigentlich nicht die physikalischen Gesetzmäßigkeiten, sondern unsere Weltanschauung bestimmt, nur für die Erklärung eines bestimmten begrenzten Erscheinungskreises der Mikrowelt angewendet werden. Zum Beispiel wurde ausgehend von dem Korrespondenzprinzip die vollkommen richtige Schlußfolgerung gezogen, daß sich die statistischen Gesetzmäßigkeiten der Quantenmechanik nicht auf dynamische zurückführen lassen.

Was die Interpretation des Korpuskular-Wellen-Dualismus als Resultat der scheinbar prinzipiell nichtkontrollierbaren Wechselwirkung zwischen Mikroobjekt (z. B. Elektronen) und Makrogeräten (z. B. Beugungsgitter) betrifft, so blieb dieses Problem in Wirklichkeit ungelöst, bedeckt mit einem geheimnisvollen Schleier, solange die Wissenschaftler sich auf die Atomerscheinungen beschränkten.

Im weiteren zeigten die sehr interessanten Versuche zur Diffraktion einzeln auslaufender Teilchen (WAWILOW, FABRIKANT, JANOSSY u. a.), daß, obwohl man gleichzeitig Koordinaten und Impuls eines Teilchens nur in den Grenzen der Ungenauigkeitsrelation vorhersagen kann, man sie experimentell bedeutend genauer bestimmen kann, allerdings für einen vergangenen Zeitpunkt. Tatsächlich ergibt das Auftreffen eines einzelnen Teilchens auf einem Schirm anstelle des theoretisch vorhergesagten Diffraktionsbildes einen Punkt als Abbildung. Mehr noch, es gibt experimentelle Daten, die

Entgegen dieser Ansicht unternimmt man in der Sowjetunion und im anderen Ausland verschiedene (nicht immer erfolgreiche) Versuche, eine Erklärung für den statistischen Charakter der Elektronenbewegung ohne Berücksichtigung der Einwirkung des makroskopischen Beobachters auf das Elektron zu finden.

Es sei festgestellt, daß der Beobachter durch das Gerät nur die Voraussetzungen für das konkrete Erscheinen der Welleneigenschaften der Teilchen schafft, z. B. für die Diffraktion der quantenmechanischen Gesamtheit.

Uns scheint es, daß der Weg zur Lösung dieser komplizierten Frage im Aufbau einer solchen Theorie liegt, die bei der Elektronenbewegung die Fluktuationsstöße von seiten der Photonen und anderer Vakuumteilchen berücksichtigt.

Insbesondere wurde von uns gemeinsam mit I. M. TERNOW gezeigt, daß das Elektron, das sich im Magnet-

---

sich auf die Struktur des Nukleons beziehen, die nicht nur seine korpuskularen Eigenschaften präzisieren, sondern auch die Wechselwirkung mit dem Vakuum der π-Mesonen (s. weiter unten).

Deshalb führt die durch das Korrespondenzprinzip errichtete gewisse unveränderliche Grenze der Erkennbarkeit der Mikrowelt zum Positivismus und kann gegenwärtig eine Entwicklung der Wissenschaft von der Mikrowelt nicht fördern. In diesem Zusammenhang erinnern wir uns, daß auf einer frühen Entwicklungsstufe der klassischen Physik die mechanische Weltanschauung eine bekannte positive Rolle spielte, jedoch bei ihrer Verabsolutierung hinderte sie letzten Endes die Entwicklung der Physik.

Wie wir schon bemerkt haben, um im Rahmen der Quantenmechanik zu bleiben, ist es viel sinnvoller, zur Grundlage des Verständnisses der Welleneigenschaften der Teilchen die quantenmechanischen Gesamtheiten zu machen. Die letzteren, obwohl sie keine Erklärung des statistischen Charakters der Quantenmechanik geben, werden doch (sei es auch augenblicklich nur formal) als Erscheinung irgendwelcher objektiver Gesetzmäßigkeiten der Natur betrachtet, und sie verbieten nicht das Einführen verschiedener Hypothesen für die Erklärung des statistischen Charakters, die über den Rahmen der existierenden Quantenmechanik hinausgehen. Es versteht sich von selbst, daß man dabei die Quantenmechanik als folgerichtige und vollkommenere Etappe der Lehre von den Elementarteilchen betrachten muß, die ganz bestimmt nicht die letzte ist, denn entsprechend der Leninschen Widerspiegelungstheorie nähert sich unsere Naturerkenntnis asymptotisch der Wirklichkeit.

feld bewegt (z. B. im Synchrotron mit einer Energie von 1 GeV), beginnt, intensiv Lichtquanten großer Energie auszustrahlen, die letzten Endes zur Quantenanregung der Betatronschwingungen mit makroskopischer Amplitude führen müssen, indem sie ein eigenartiges „Quantenmakroatom" bilden. Das wurde auch in den sehr präzisen Versuchen von M. SANDS und auch von F. A. KOROLEV und Mitarbeitern gefunden.

In diesem Beispiel müssen die Elektronen beginnen, durch die Fluktuationswechselwirkung mit real ausgestrahlten Photonen sich nach den Gesetzen der Quantentheorie zu bewegen. Zur Zeit wurden in den Laboratorien in Frascati (in der Nähe Roms) nicht nur ein Elektronensynchrotron mit einer Energie von über 1 GeV gebaut, sondern auch die ersten „Ringspeicher" für Elektronen und Positronen mit einer Energie von ungefähr 250 MeV. Diese Teilchen bewegen sich im Magnetfeld auf einer Kreisbahn und können etwa zwei Tage existieren. In diesen Ringspeichern wurde schon die Ausstrahlung einzelner Elektronen beobachtet. Das gibt die Möglichkeit, den Übergang von den Bewegungen nach klassischen Gesetzen zu Bewegungen nach Quantengesetzen zu verfolgen.

Weiter wurde von uns gemeinsam mit W. S. TUMANOW gezeigt: Wenn in der klassischen nichtrelativistischen Bewegungsgleichung des DIRACschen Elektrons, wo die Kraft der PLANCKschen Strahlungsdämpfung berücksichtigt ist (die Rechnung wurde konkret für den harmonischen Oszillator ausgeführt), noch die Fluktuation von seiten des elektromagnetischen Vakuums (virtuelle Photonen) berücksichtigt wird, so erhalten wir die Ungenauigkeitsrelation für die theoretisch vorhergesagte Streuung von Koordinate und Impuls. Nach dieser Hypothese muß die Elektronenbewegung allgemein an die Bewegung eines BROWNschen Teilchens erinnern, wenn die Theorie nur die Wahrscheinlichkeit der einen oder anderen Bahn vorhersagen kann, da die Elektronenbewegung im ganzen mit der Vakuumfluktuation gekoppelt ist.

Deshalb kann man in der klassischen Theorie ein bestimmtes abgeschlossenes System wählen, das eine endliche Anzahl von Massenpunkten (oder eine endliche Anzahl von Freiheitsgraden) enthält, für die es wenigstens im Prinzip möglich ist, die genauen klassischen Bewegungsgleichungen (dynamische oder LAPLACEsche Gesetzmäßigkeit) zu formulieren, und die Kausalität mit der genauen Vorhersage zu identifizieren. In der Quantentheorie ist das schon nicht mehr möglich, denn schon ein Elektron besitzt unter Berücksichtigung der Fluktuationsstöße durch das Vakuum eine unendliche Anzahl von Freiheitsgraden.

Mit anderen Worten, während man in der klassischen Theorie auf der Basis des Verhaltens einzelner Teilchen die Bewegung ihrer Gesamtheit untersucht (klassische statistische Physik), so wird umgekehrt in der Quantenmechanik auf der Grundlage der statistischen Gesetzmäßigkeiten versucht, über die Bewegung der einzelnen Teilchen zu urteilen.

Betrachten wir weiter den Vakuumbeitrag zum magnetischen Moment des Elektrons. Besonders klar zeichnet sich der Einfluß des Elektronen-Positronen-Vakuums bei der Bestimmung des magnetischen Gesamtmoments des Elektrons ab. Bei Berücksichtigung des Elektronen-Positronen-Vakuums ist das beobachtete magnetische Moment des Elektrons gleich

$$\mu^{\text{el}} = -\mu_0\left(1 + \frac{1}{137}\cdot\frac{1}{2\pi}\right) = -\mu_0\,(1 + 0{,}00116). \quad (15)$$

Das zweite Glied in der Klammer hat den Koeffizienten 0,00116 und ist fast tausendmal kleiner als das Hauptglied. Es bestimmt den Vakuumanteil am magnetischen Moment des Elektrons, bedingt durch die Elektronen-Positronen-„Wolke“. In voller quantitativer Übereinstimmung mit der Theorie wurde diese Korrektur in den klassischen Versuchen von KUSCH und FOLEY experimentell beobachtet.

Die Analyse dieses Ausdrucks für das magnetische Moment ist auch in der Beziehung interessant, daß dadurch nicht nur theoretisch, sondern auch experimentell der Anteil des Elektronen-Positronen-Vakuums festgestellt werden kann, und vor allem, daß die Elementarteilchen nicht als „nackt" betrachtet werden, sondern als bekleidet mit einer „Vakuum-Wolke".

3. Nukleonen und π-Mesonen

(Die Quanten des Kernfeldes)

Die Bindungsenergie der Nukleonen (d. h. der Protonen und Neutronen) im Kern ist hauptsächlich durch die spezifischen Kernkräfte bedingt, die eine kurze Reichweite haben, d. h., für Kernabstände von der Größenordnung 10^{-13} cm übersteigen sie tausendmal die COULOMB-Kräfte, aber in größeren Abständen sind sie praktisch Null. In dieser Beziehung ähneln die Kernkräfte den Kohäsionskräften, die einen Flüssigkeitstropfen im kugelförmigen Zustand halten. Lange Zeit war die Frage nach den Kernkräften unbeantwortet.

Schließlich schlug YUKAWA 1935 die Annahme vor, daß Quanten des Kernfeldes existieren (YUKAWA selbst nannte sie u-Teilchen; später erwiesen sie sich als π-Mesonen).

Wenn die Ruhemasse eines Teilchens ohne Spin verschieden von Null ist, so hat die entsprechende Wellengleichung folgendes Aussehen:

$$(E^2 - c^2p^2 - m^2c^4)\varphi = 0, \tag{16}$$

wobei $E = -\frac{\hbar}{i}\cdot\frac{\partial}{\partial t}$ und $\mathfrak{p} = \frac{\hbar}{i}\vec{V}$ die Operatoren der Energie und des Impulses sind. Hieraus erhalten wir im stationären Fall, wenn die Funktion φ nicht von der Zeit abhängt, die YUKAWAsche Gleichung für das Kernpotential

$$(\nabla^2 - k_0^2)\,\varphi = 0, \qquad m = \frac{\hbar k_0}{c}. \tag{17}$$

Wenn wir die Feldmasse des Teilchens Null setzen, so erhalten wir die gewöhnliche POISSON-Gleichung für das elektrostatische Feld $\nabla^2\varphi = 0$, die zu folgendem Ausdruck für die Wechselwirkungsenergie zwischen Proton und Elektron führt:

$$V = -\frac{e_0^2}{r}. \tag{18}$$

Die YUKAWAsche Lösung für eine von Null verschiedene Ruhemasse (für π-Mesonen) ergibt bei der Wechselwirkung zweier Nukleonen den Ausdruck

$$V = -g^2 \frac{e^{-k_0 r}}{r}. \tag{19}$$

Wenn wir g^2 ungefähr $1000\, e_0^2$ wählen, finden wir, daß für kleine Abstände

$$r \ll \frac{1}{k_0} = \frac{\hbar}{mc} \tag{20}$$

die Kernkräfte über tausendmal größer sind als die elektromagnetischen.

Für Abstände, die den Wert $\frac{\hbar}{mc}$ übersteigen, sind die Kernkräfte durch den expotentiellen Faktor praktisch Null.

Wenn man den Wirkungsbereich der Kernkräfte kennt, kann man die Größe $\hbar/mc$ bestimmen und damit auch die Masse der π-Mesonen. Gegenwärtig sind sowohl geladene π-Mesonen ($\pi^\pm$-Mesonen mit der Masse $273\, m_0$) als auch neutrale (π^0-Mesonen mit der Masse $264\, m_0$) bekannt.

Ihre Existenz sagte Yukawa 1935 voraus, aber experimentell wurden sie erst 1947 durch den englischen Physiker Powell entdeckt.

Nach der modernen Quantenfeldtheorie erfolgt die Wechselwirkung zwischen Elementarteilchen durch den Austausch dritter Teilchen.

Wir wollen uns nicht mit den Details dieser Theorien beschäftigen. Trotzdem wollen wir darauf hinweisen, daß die elektrostatische Wechselwirkung durch sogenannte Pseudophotonen, die Quanten des longitudinalen elektromagnetischen Feldes, die von den Ladungen emittiert und absorbiert werden, bedingt ist.

Ebenso entstehen die Kernkräfte als Ergebnis des Austausches von π-Mesonen zwischen zwei Nukleonen.

Dieser Austausch bindet auch die Nukleonen im Kern aneinander, bringt sie dazu, sich gegenseitig festzuhalten, wie es auch gewöhnlich bei einem beliebigen gegenseitig vorteilhaften Tausch vorkommt.

Wir müssen feststellen, daß die Theorie der Kernkräfte bisher wesentlich unvollkommener ist als die Theorie der elektromagnetischen Kräfte. Die genaue Form der Wechselwirkung zwischen Proton und Neutron ist noch unbekannt. Jedoch ist die Existenz einer „Mesonen-Wolke" schon experimentell nachgewiesen worden durch Streuuntersuchungen mit schnellen geladenen Teilchen (Elektronen, π-Mesonen) an Nukleonen.

In der Regel mißt man die Energie in Elektronenvolt (1 eV ist die Energie, die ein Elektron erhält, das einen Potentialunterschied von 1 V durchfliegt), Megaelektronenvolt (1 MeV $= 10^6$ eV) und Gigaelektronenvolt (1 GeV $= 10^9$ eV). So ist z. B. die Bindungsenergie des Elektrons im Wasserstoffatom gleich 13 eV. Die Atome werden mit Energien von einigen Elektronenvolt im Molekül gehalten.

Die Ruheenergie des Elektrons m_0c^2 ist ungefähr 0,5 MeV, so daß bei einer Elektronen-Positronen-Annihilation eine Energie in Form von γ-Quanten frei wird, die 1 MeV übersteigt. α-Teilchen, die aus radioaktiven Urankernen fliegen, haben eine Energie von ungefähr 7 MeV.

Diese Teilchen wurden auch von RUTHERFORD zum Beschuß des Atoms benutzt.

Um nun ein Nukleon zu beschießen, benötigt man ein Teilchen mit größerer Energie, etwa hundert Megaelektronenvolt oder einige Gigaelektronenvolt. Teilchen mit so großen Energien gibt es z. B. in den kosmischen Strahlen. Ihre Dichte ist jedoch verhältnismäßig klein. Eine wesentlich größere Anzahl von Teilchen mit großer Energie kann in Beschleunigern erzeugt werden. Vor allem viele innere Eigenschaften des Protons wurden durch den Beschuß der Protonen mit schnellen Elektronen und π-Mesonen erhalten.

Beschäftigen wir uns vornehmlich mit den HOFSTADTERschen Versuchen, in denen Proton und Neutron mit Elektronen beschossen wurden, die eine Energie von 600 MeV hatten (diese schnellen Elektronen wurden im Linearbeschleuniger in Stanford erzeugt) und den WILSONschen Versuchen, bei denen das Elektronensynchrotron der Cornell-Universität benutzt wurde mit einer Elektronenenergie von 1,3 GeV.

Solche schnellen Elektronen erwiesen sich als sehr geeignet für Strukturuntersuchungen an Nukleonen; da sie keine Kernwechselwirkung mit Nukleonen aufwiesen (erinnern wir uns, daß die elektromagnetischen Kräfte aber tausendmal schwächer sind als die Kernkräfte), können sie in das Innere des Nukleons vordringen und Kenntnis von seiner elektromagnetischen Struktur geben. Die Verteilung der elektrischen Ladung und des magnetischen Moments im Nukleon charakterisieren die Kurven in Abb. 5 und 6.

Aus diesen Kurven sieht man, daß das Nukleon kein punktförmiges Teilchen ist. Es besteht aus einem Kern (d. h. dem dichtesten Teil, wo der Hauptteil der Masse konzentriert ist), der sowohl für das Proton als auch für das Neutron positiv geladen ist, und zwei Wolken, die scheinbar aus π-Mesonen bestehen (Tabelle 1).

Obwohl sich die Kurven der Verteilung der Ladung und des anomalen magnetischen Momentes etwas unter-

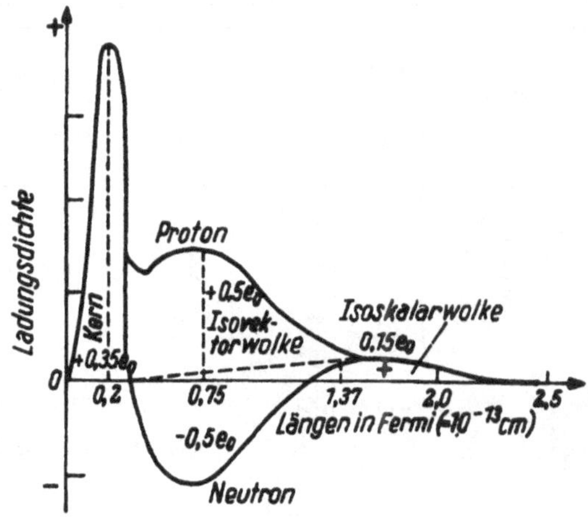

Abb. 5. Verteilung der elektrischen Ladung im Nukleon. Die Isovektorwolke besteht offenbar aus ϱ-Mesonen (gebundener Zustand aus zwei π-Mesonen), die Isoskalarwolke aus ω-Mesonen (gebundener Zustand aus drei π-Mesonen)

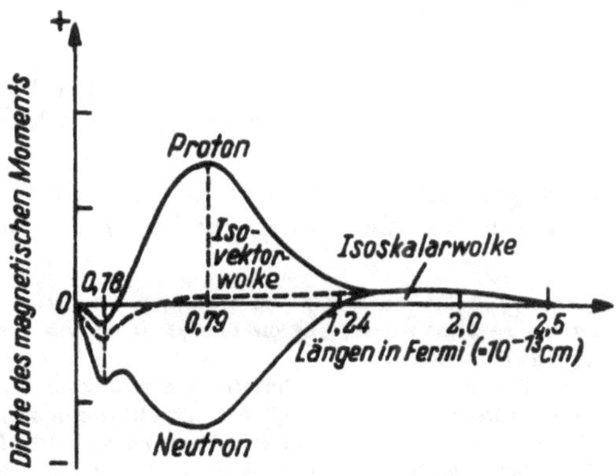

Abb. 6. Verteilung des anomalen magnetischen Momentes im Nukleon

Tabelle 1. Verteilung der Ladung und des Magnetmomentes im Nukleon

	Ladung e_0	Mittlerer quadratischer Radius für die Ladungsverteilung [Fermi]	Anomales Magnetmoment [Pauli]	Mittlerer quadratischer Radius für die Verteilung des Magnetmomentes [Fermi]
„Kern"	0,35	0,2	– 0,11	0,18
Isovektorwolke	± 0,50	0,75	± 1,00	0,79
Isoskalarwolke	0,15	1,37	0,08	1,24

Anmerkung:

1 Fermi = 10^{-13} cm, 1 Pauli = $^1/_2\,(\mu_p - \mu_n - \mu_{\text{Kern}}) = 1{,}85\,\mu_{\text{Kern}}$, wobei $\mu_{\text{Kern}} = \dfrac{e_0\hbar}{2Mc^2} = \dfrac{1}{1836}\,\mu_0$, μ_0 = Bohrsches Magneton, M = Masse des Protons.

scheiden, sind die mittleren quadratischen Radien die gleichen. Sie sind ungefähr 0,8 *Fermi*. Die Wolke, die dicht um den Kern gelagert ist, heißt Isovektorwolke, da sich das Vorzeichen der Ladung beim Übergang vom Proton zum Neutron ändert. Die zweite, die entferntere Wolke heißt Isoskalarwolke. Sowohl für das Proton als auch für das Neutron hat sie ein und dieselbe positive Ladung.[1])

Mit der Mesonen-„Wolke" kann man vor allem versuchen, die Existenz des anomalen Moments des Nukleons zu erklären.

Tatsächlich gibt die Diracsche Wellengleichung (ohne Berücksichtigung des Vakuums) für Teilchen mit dem

[1]) Nach den neuesten Ergebnissen besteht die Isovektorwolke aus ϱ-Mesonen (Verbindung aus zwei π-Mesonen) und die Isoskalarwolke aus ω-Mesonen (Verbindung aus drei π-Mesonen).

Kürzlich erhielt man die ersten experimentellen Ergebnisse und Angaben über die Konstruktion von einem „Kern", der mit Elektronen der Energie 6 GeV beschossen worden ist (Elektronenbeschleuniger von der Harvard-Universität). Wahrscheinlich ist der Kern von der Verteilung der elektrischen Ladung her gesehen eine ziemlich glatte Fortsetzung der Isovektorwolke, und in dieser Beziehung ist seine Bezeichnung „Kern" nicht gerechtfertigt.

Spin $^1/_2$, der Ladung e_0 und der Masse M ein magnetisches Moment

$$\mu_{\text{Kern}} = \frac{e_0 \hbar}{2 M c}. \qquad (21)$$

Deshalb müßte nach dieser Theorie das magnetische Moment des Protons gleich einem Kernmagneton und das des Neutrons Null sein, denn seine Ladung ist Null.

Entgegen dieser Vorstellung beträgt der Wert des magnetischen Moments für das Proton 2,8 Kernmagnetone, d. h., es liegt 1,8 Einheiten über dem Erwartungswert und für das Neutron 1,9 Kernmagneton anstelle von Null.

Das heißt, wir erhalten

$$\mu_p = \mu_{\text{Kern}} (1 + 1{,}8), \qquad (22)$$

$$\mu_n = \mu_{\text{Kern}} (0 - 1{,}9). \qquad (23)$$

Das erste Glied in den Klammern entspricht dem DIRACschen Nukleonenmoment und das zweite Glied charakterisiert das anomale magnetische Moment, bedingt durch die Mesonen-„Wolke". Wir sehen, daß anders als in der Elektronentheorie, wo der Vakuumteil ungefähr den tausendsten Teil des DIRACschen magnetischen Moments ausmacht, in der Nukleonentheorie der Vakuumteil des Protons sein DIRACsches Moment zweimal übertrifft; für das Neutron bestimmt er überhaupt sein ganzes magnetisches Moment.

Es wäre sehr interessant, Versuche durchzuführen, die es gestatten würden, eine Deformation der „Wolke" der Protonen hervorzurufen und zu beobachten. Dafür müssen vor allem sehr starke elektromagnetische Felder erzeugt werden, die die Protonen merklich deformieren können. Es kann sein, daß sich als solche Felder die Strahlen der Laser erweisen, deren Lichtenergie man durch besondere teleskopische Systeme konzentrieren kann, so daß sie mehrere tausendmal stärker als die der Sonnenstrahlen sind.

Bekanntlich wechselwirken die Elektronen beim Durchgang durch Atome bei relativ kleinen Energien hauptsächlich mit den Hüllenelektronen des Atoms. In diesem Falle müssen wir Resonanzerscheinungen beobachten. (Wir erinnern z. B. an die Frank-Hertzschen Versuche, die Resonanzbereiche bei der Streuung von Elektronen

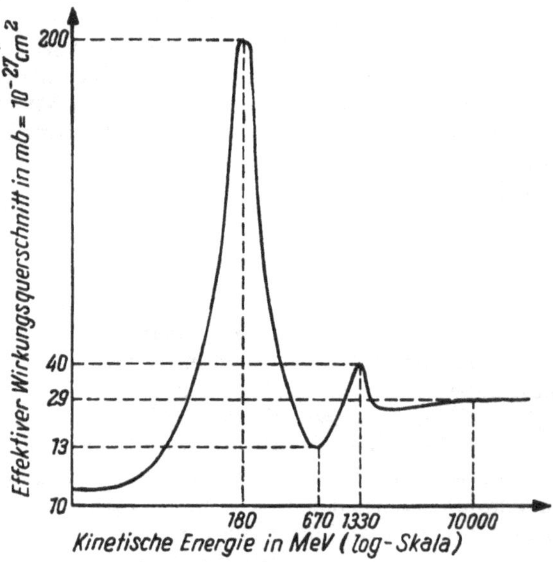

Abb. 7. Die Resonanzen bei der Streuung von π^+-Mesonen an Protonen im Laborsystem (das Ausgangsproton ruht)

an Quecksilberatomen im Energiegebiet von 4,9 eV nachwiesen.) Bei größeren Energien der gestreuten Elektronen wechselwirken die letzteren mit den Atomkernen, wobei Resonanzerscheinungen fehlen müssen.

Genauso wechselwirken bei Streuversuchen relativ langsamer π-Mesonen an Nukleonen (bei Energien von 100—1500 MeV) die Mesonen mit der π-Mesonenwolke, die durch die Nukleonenwolke gebildet wird. Im Falle der

Streuung von π^+-Mesonen an Protonen werden Resonanzgebiete bei der kinetischen Energie von 180 und 1330 MeV beobachtet (Abb. 7).[1]

Bei der Streuung von π^--Mesonen durch Protonen liegen die Resonanzen bei den kinetischen Energien 180,605 und 890 MeV (Abb. 8). Bei größeren Energien (einige tausend MeV), wo keinerlei Resonanzerscheinungen beobachtet werden, werden die π-Mesonen durch den Kern des Nukleons gestreut.

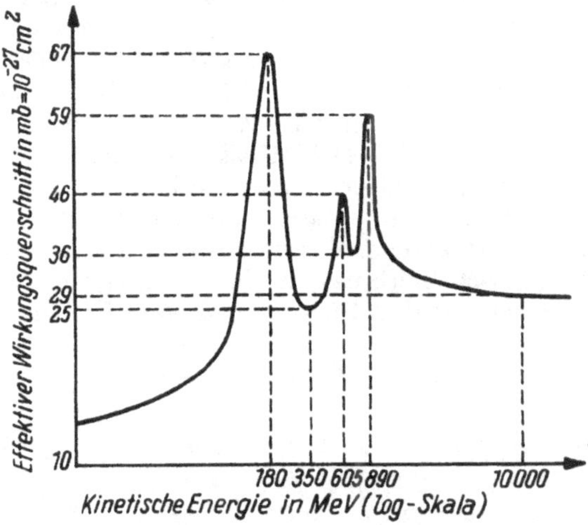

Abb. 8. Die Resonanzen bei der Streuung von π^--Mesonen an Protonen im Laborsystem

Obwohl viele Details des Baus der Mesonenwolke noch bei weitem nicht geklärt sind, stoßen wir schon auf ein

---

[1]) Barn ist die Einheit des Wirkungsquerschnittes, 1 Barn ist gleich 10^{-24} cm^2 (1 Millibarn ist gleich 10^{-27} cm^2).

Die Wahl dieser Größe ist damit verbunden, daß der geometrische Querschnitt der Atomkerne die Größenordnung 10^{-24} cm^2 hat. Ein Querschnitt von 1 Barn bedeutet, daß beim Vorhandensein eines solchen Kerns und beim Auftreffen von 10^{24} Teilchen auf die Einheitsfläche eines von ihnen absorbiert wird.

neues Verständnis des philosophischen Wertes des Begriffes „Elementarteilchen". Wir sehen, daß man auch das Nukleon nicht einfach als nicht teilbar betrachten kann; heute wissen wir, daß diese Teilchen sehr komplizierte Gebilde darstellen.

Wir haben schon darauf hingewiesen, daß die grundlegenden Charakteristika der Elementarteilchen vor allem die Ruhemasse, die elektrische Ladung und der Spin sind. Auf diese Charakteristika kann man sich beschränken, wenn wir es nur mit elektromagnetischen Wechselwirkungen (z. B. im Atom) zu tun haben.

Der Spin bestimmt die Statistik der Teilchen (Teilchen mit halbzahligem Spin ordnen sich der FERMI-Statistik unter und werden Fermionen genannt, Teilchen mit ganzzahligem Spin der BOSE-Statistik, sie heißen Bosonen) und auch die Anzahl der möglichen Zustände, die durch die verschiedenen Projektionen des Spins auf die z-Achse charakterisiert werden. Wenn der Spin Null ($s = 0$) ist, so ist augenscheinlich nur ein Zustand möglich ($s_z = 0$). Für Teilchen mit dem Spin $^1/_2$ sind zwei Zustände möglich

$$(s_z = -{}^1/_2, \quad s_z = +{}^1/_2), \tag{24}$$

für Teilchen mit $s = 1$ drei Zustände

$$(s_z = -1, \quad s_z = 0, \quad s_z = +1) \tag{25}$$

usw.

Wenn wir z. B. ein Wasserstoffatom in ein Magnetfeld bringen, so wird zur COULOMB-Energie der Kernanziehung, die praktisch spinunabhängig ist, eine kleine Energie ΔE addiert, die durch die magnetische Wechselwirkung hervorgerufen wird, die von der Spinrichtung abhängt,

$$\Delta E = -\frac{eH\hbar}{m_0 c} s_z, \tag{26}$$

wobei

$$s_z = \pm{}^1/_2. \tag{27}$$

Bei der Erforschung der Nukleonenbewegung im Kern spielen die Kernkräfte die Hauptrolle; sie gehören zur Kategorie der starken Wechselwirkungen, denn für kleine Abstände (10^{-13} cm) sind sie ungefähr tausendmal stärker als die elektromagnetischen Kräfte. Die Kernkräfte, die zwischen zwei Protonen oder zwei Neutronen oder zwischen Proton und Neutron wirken, erwiesen sich als gleich (Ladungsunabhängigkeit). Die Einbeziehung des elektromagnetischen Feldes ergibt kleine Änderungen der Gesamtkraft wie etwa im Atom das Magnetfeld in bezug auf die COULOMB-Wechselwirkung eine kleine Änderung ergibt, die spinabhängig ist.

Deshalb schlug HEISENBERG vor, Proton und Neutron als ein Teilchen zu betrachten (genauso wie zwei Elektronen mit entgegengesetzten Spins) und eine neue Variable einzuführen (in Analogie zum Elektronenspin), den sogenannten Isospin, der die elektrischen Unterschiede, die klein sind in bezug auf die Kernkräfte, zwischen Proton und Neutron charakterisieren soll.

Das Wort *Iso* bedeutet vor allem, daß Proton und Neutron eine Isofamilie bilden, d. h. gleiche Kernladung und fast gleiche Masse haben. Das Wort *Spin* ist durch die Identität der mathematischen Beschreibung des Isospins und des gewöhnlichen Spins bedingt.

Analog zum räumlichen Spin wählt man für die Isofamilie, die aus zwei Zuständen besteht, den Isospin gleich einhalb ($I = 1/2$), da analog zur Spinprojektion der Isospin im gegebenen Fall in einem gedachten Isoraum zwei Werte annehmen kann: $I_3 = -1/2$ für das Neutron und $I_3 = +1/2$ für das Proton.

Für die π-Mesonen ist die Kernwechselwirkung dominierend. Deshalb können sie auch in einer Isofamilie vereinigt werden. Da drei Arten von π-Mesonen existieren, muß für den Isospin Eins angenommen werden, wobei für π^--Mesonen $I_3 = -1$, für π^0-Mesonen $I_3 = 0$ und für π^+-Mesonen $I_3 = +1$.

In Analogie zur Entdeckung des Positrons (Antiteilchen in bezug auf das Elektron) lag es nahe anzunehmen, daß neben den Nukleonen (Proton und Neutron) auch Antiteilchen existieren (Antiprotonen und Antineutronen). Die Antiprotonen müssen sich von den Protonen z. B. durch das Vorzeichen der elektrischen Ladung unterscheiden, und die Antineutronen von den Neutronen durch das Vorzeichen des magnetischen Moments (erinnern wir uns, daß beim Neutron das magnetische Moment antiparallel zum Spin ist und deshalb ein negatives Vorzeichen hat, beim Antineutron müssen diese Momente parallel sein).

Jedoch kennzeichnet das Ladungsvorzeichen nicht den Hauptunterschied zwischen Antiproton und Proton, da in der Nukleonentheorie nicht die elektromagnetischen Kräfte die Hauptrolle spielen, sondern die Kernkräfte.

Erst vor relativ kurzer Zeit gelang es SEGRÉ, CHAMBERLAIN u. a., die Antinukleonen zu entdecken, nachdem der Beschleuniger für 6 GeV in Berkley (USA), der den Namen Bevatron trägt, gebaut worden war.

Die Schwierigkeit ihrer Entdeckung bestand darin, daß selbst die Energie der ruhenden Nukleonen und Antinukleonen (sie werden gemeinsam erzeugt) schon ungefähr 2 GeV beträgt. Genauere Berechnungen zeigen, das die Erzeugungswahrscheinlichkeit eines Nukleon-Antinukleon-Paares erst merklich wird, wenn auf das Target Protonen mit einer Energie von nicht weniger als 6 GeV treffen.

Zur Kennzeichnung des Hauptunterschiedes zwischen Nukleon und Antinukleon führte man eine besondere Baryonenzahl B ein; für Nukleonen ist $B = +1$ und für Antinukleonen ist $B = -1$. Für die übrigen leichteren Teilchen (π-Mesonen, Elektronen usw.) ist $B = 0$.

In diesem Zusammenhang wollen wir feststellen, daß die elektrische Ladung in der Elementarteilchentheorie praktisch eine Doppelrolle spielt. Erstens bestimmt sie die Größe der COULOMB-Wechselwirkung. Zweitens muß in allen Prozessen, die mit der Erzeugung und Annihilation der Elementarteilchen verbunden sind, die elektrische Ladung streng erhalten bleiben.

In der Elementarteilchentheorie ist vor allem die zweite Besonderheit der elektrischen Ladung interessant. Für die Beschreibung der zweiten Besonderheit kann man die Elementarladung e_0 als Einheit wählen. Dann ist für Elektron und Antiproton $Q = -1$ und für Positron und Proton $Q = +1$, und schließlich ist für Neutron und Antineutron $Q = 0$.

In allen Reaktionen muß der Erhaltungssatz der elektrischen Ladung streng erfüllt sein:

$$\Sigma Q = \text{const.} \tag{28}$$

Tatsächlich muß ein Elektron immer gemeinsam mit einem Positron und ein Proton mit Antiproton erzeugt werden. Jedoch ist der Ladungserhaltungssatz offenbar unzureichend, denn er verbietet z. B. nicht die Erzeugung zweier Neutronen.

Bei der Nukleonenerzeugung gilt streng noch ein zweites Erhaltungsgesetz, das Gesetz der Erhaltung der Baryonenzahl,

$$\Sigma B = \text{const,} \tag{29}$$

das in der Nukleonentheorie noch wichtiger ist, da es beim Stoß von Proton und Neutron ihre Umwandlung in leichtere Teilchen (z. B. in π^+- und π^0-Mesonen) verbietet, obwohl, wenn wir allein den Ladungserhaltungssatz berücksichtigen, diese Umwandlung durchaus erlaubt ist.

Aus dem Erhaltungsgesetz der Baryonenzahl folgt, daß die Nukleonen stabile Teilchen sind; nur beim Stoß mit Antinukleonen können sie sich in leichtere Teilchen umwandeln. Auch ist die gleichzeitige Erzeugung zweier Neutronen unmöglich. Neutronen können gemeinsam mit Antineutronen erzeugt werden, dann wird das Erhaltungsgesetz der Baryonenzahl erfüllt.

4. Der β-Zerfall und die Entdeckung des Neutrinos

Die weitere Entwicklung der Theorie der Elementarteilchen ist mit der Entdeckung des Neutrinos verbunden.

. Innerhalb der stabilen Kerne kann das Neutron mit unbegrenzter Dauer existieren. Im freien Zustand ist das Neutron ein instabiles Teilchen mit einer Halbwertszeit von ungefähr 12 min (die Lebensdauer ist $12/\ln 2 \approx 17$ min ≈ 1000 sec). Beim β-Zerfall verringert sich die Masse des Neutrons, das sich in ein Proton verwandelt, um einen Wert, der der Energie von $2{,}5\, m_0c^2$ entspricht. Gleichzeitig fliegt das Elektron unter Berücksichtigung seiner Eigenenergie (m_0c^2) mit den verschiedenen Energien heraus, beginnend bei m_0c^2 und endend bei $2{,}5\, m_0c^2$. Die mittlere Energie des Elektrons beträgt nur $1{,}5\, m_0c^2$, d. h., bei jedem Zerfallsakt geht im Mittel Energie der Größenordnung m_0c^2 verloren. Außerdem muß noch hinzugefügt werden, daß alle Prozesse in Atomen und Atomkernen in der Regel diskret sein müssen. Das vom Atom ausgesendete Licht bildet ein monochromatisches Spektrum. Die vom Kern emittierten α-Teilchen haben eine bestimmte Energie usw. Deshalb blieb lange Zeit die Kontinuität des β-Spektrums unverständlich. Daher vermutete vorübergehend eine Reihe großer Physiker, unter ihnen auch NIELS BOHR, ganz allgemein, daß in der Mikrowelt der Energieerhaltungssatz nicht absolut erfüllt sein muß. Zur Erklärung des scheinbaren Energieverlustes stellte PAULI 1930 eine Hypothese auf, nach der im β-Zerfall irgendein anderes Teilchen die verlorene Energie fortträgt. Dieses Teilchen erhielt die Bezeichnung *Antineutrino*, d. h., die Reaktion des β-Zerfalls hat die Form

$$n \to p + e^- + \bar{\nu}. \qquad (30)$$

Analog bildet sich beim Protonenzerfall ein Neutrino

$$p \to n + e^+ + \nu. \qquad (31)$$

Es war lange unklar, ob sich das Neutrino vom Antineutrino unterscheidet. Später wurden jedoch Unterschiede festgestellt. Diese Frage behandeln wir weiter unten. Augenblicklich definieren wir das Antineutrino als Teilchen, das sich beim Zerfall des Neutrons und das Neutrino als Teilchen, das sich beim Zerfall des Protons bildet.[1]) Diese β-Umwandlungen finden äußerst selten statt; sie werden durch die sogenannte schwache Wechselwirkung verursacht.

Wir haben damit drei Arten von Wechselwirkungen: die starken, bedingt durch die Kernkräfte, die elektromagnetischen, und schließlich die schwachen, die z. B. den Zerfall des Neutrons hervorrufen. Wir vernachlässigen die Gravitationswechselwirkung, die hier nicht untersucht werden soll.

Das Neutrino und auch das Antineutrino besitzen ein großes Durchdringungsvermögen. Deshalb waren diese Teilchen lange Zeit nicht beobachtbar.

Das Neutrino durchdringt frei die Erde, die Sonne und Sterne mit einer Masse, die die Masse der Sonne um viele Male übersteigt. Erst 1959 gelang es Reines und Cowan, das Antineutrino zu beobachten, als eine ergiebige Quelle dieser nicht „fangbaren" Teilchen gebaut wurde (ein Reaktor mit einer Leistung von 300000 Kilowatt). Theoretische Berechnungen zeigten, daß der Reaktor pro Sekunde 10^{19} Antineutrinos ausstrahlen muß. In 10 m Abstand vom Reaktor beträgt der Antineutrinofluß durch jeden Quadratzentimeter pro Sekunde 10^{13} (d. h. 10000 Milliarden) Antineutrinos.

Die Antineutrinos wurden durch die Protonen eines wasserstoffhaltigen Stoffes nach einer dem β-Zerfall ent-

[1]) Formal kann man für die Beschreibung dieses Unterschieds die Leptonenladung einführen, für Neutrino und Elektron ist sie plus Eins (+ 1), für Antineutrino und Positron minus Eins (− 1), und für das Nukleon Null. In den Reaktionen des β-Zerfalls wird also auch die Leptonenladung erhalten, das Elektron muß gemeinsam mit dem Antineutrino erzeugt werden, das Positron mit dem Neutrino. Die Einführung des Neutrinos führt nicht nur im β-Zerfall zur Erhaltung der Energie, sondern auch zur Erhaltung des Spins.

gegengesetzten Reaktion eingefangen[1]):

$$\bar{\nu} + p \rightarrow n + e^{+}. \tag{32}$$

1 Tonne Wasser absorbierte nur einzelne Teilchen dieses gewaltigen Antineutrinoflusses, und in jeder Stunde fanden ungefähr 100 Umwandlungen des Protons in ein Neutron und ein Positron statt (der effektive Querschnitt erwies sich von der Größenordnung 10^{-44} cm^2). Die Reaktion wurde durch zwei Blitze fixiert, die von Photoelementen registriert wurden. Den ersten Blitz verursachte das Positron, den zweiten ein γ-Quant, das bei der Absorption des Neutrons durch einen Wasserstoffkern entsteht. Die Versuche waren von einer derartigen Präzision, daß ihre Vorbereitung und Durchführung fünf Jahre in Anspruch nahm.

Als Ergebnis der auf der Sonne stattfindenden thermonuklearen Reaktionen bildet sich das Neutrino und nicht das Antineutrino, denn in diesen Reaktionen (sowohl im Wasserstoffzyklus als auch im Bethe-Zyklus) gehen im Endergebnis vier Protonen in Helium über:

$$4p \rightarrow {}_2\mathrm{He}^4 + 2e^{+} + 2\nu, \tag{33}$$

hierbei bildet die Gesamtzahl der Neutrinos einige Prozente der ausgestrahlten Sonnenenergie.

Im Zusammenhang mit der Entdeckung des Neutrinos erlangt die Neutrinoanalyse der kosmischen Körper, vor allem der Sonne, eine besondere Bedeutung. Bisher haben wir Kenntnisse über die Sonne nur dadurch erhalten, daß wir das Lichtspektrum der Sonne, den Fluß der kosmischen Teilchen, und die unlängst entdeckte Radiostrahlung untersuchten. Das alles gestattet nur die Hülleneigenschaften der Sonne zu erforschen. Da das Neutrino die Sonne vollkommen frei durchdringt, rühren

[1]) Wir wollen bemerken, daß auf Grund der Erhaltung der Leptonenladung das Neutrino (d. h. das Teilchen, das beim Zerfall des Protons erzeugt wird) nach diesem Reaktionsschema nicht eingefangen werden kann.

die auf die Erde fallenden Neutrinos auch von den Reaktionen innerhalb der Sonne her. Man erwartet, daß im Mittel auf einen Quadratzentimeter pro Sekunde 10 Milliarden (10^{10}) Antineutrinos treffen, d. h. tausendmal weniger als in den Versuchen von REINES und COWAN vom Kernreaktor. Da Wasserstoff nur Antineutrinos absorbiert, muß für das Einfangen der Neutrinos ein anderer Stoff benutzt werden. Als Auffangtarget für das Neutrino kann man einige zehn Tonnen des relativ billigen Chlorkohlenstoffs verwenden. Die Absorption des Neutrinos verläuft nach dem Reaktionsschema[1])

$$\nu + Cl^{37} \rightarrow e^- + Ar^{37}. \tag{34}$$

Gegenwärtig werden in Dubna die Versuche für den Einfang der Sonnenneutrinos vorbereitet. Die Hauptschwierigkeit der Versuche besteht darin, daß man die einzelnen Akte der Beobachtung der Neutrinos registrieren muß. Dazu ist natürlich die Schaffung einer komplizierten und noch präziseren Anlage im Vergleich mit der Anlage von REINES und COWAN nötig.

Die Neutrinoanalyse hat eine große Perspektive, da das alles durchdringende Neutrino sozusagen ein lebender Zeuge der Bildung neuer Sterne und darüber hinaus unserer ganzen Milchstraße ist. Die Astrophysik des Neutrinos hat zweifellos eine große Zukunft.

5. Das Problem der Nichterhaltung der Parität

Mit der Entdeckung der Antiteilchen tauchte die Frage der künstlichen Bildung von Antiatomen auf. Um den Kern eines Antiatoms, der aus Antiprotonen und Antineutronen besteht, müssen Positronen kreisen. Beim

---

[1]) Der effektive Einfangsquerschnitt eines einzelnen von der Sonne ausgestrahlten Neutrinos ist ungefähr der gleiche wie in den Versuchen von REINES und

Stoß von Atomen mit Antiatomen ist ihre Umwandlung in Lichtquanten, in π-Mesonen (Kernquanten) usw. zu erwarten. Wenn ein Zusammenstoß von Massen stattfände, die aus Materie und Antimaterie oder wie man manchmal sagt aus „Welt" und „Antiwelt" beständen, so muß die frei werdende Energie die Energie, die sich in Kernreaktionen bildet, tausendmal übersteigen. Tatsächlich ist im ersten Fall die frei werdende Energie gleich $2Mc^2$, wobei M die Gesamtmasse der Antimaterie ist, während in den Kernreaktionen bestenfalls nur ein geringer Teil der Energie des Kerns frei wird.

Wenn man jedoch Atome und Antiatome voneinander isoliert, so können sie beliebig lange existieren und deshalb schließen einige Gelehrte eine mögliche Existenz von Antiwelten, die aus Antiatomen bestehen, nicht aus.

Es scheint zunächst, daß alle physikalischen Vorgänge, die in einer isolierten Antiwelt stattfinden, mit den Erscheinungen, die wir in der uns umgebenden Welt beobachten, vollkommen identisch sein müssen, denn offenbar kann der Übergang von der Welt zur Antiwelt, der im Austausch aller elektrischen, Leptonen- und Nukleonenladungen besteht, die Größe der elektromagnetischen und der Kernkräfte, die zwischen den Teilchen wirken, nicht verändern. Speziell müssen die vom Wasserstoff und Antiwasserstoff ausgestrahlten Spektrallinien vollkommen identisch sein, und kein Spektroskopiker kann sie unterscheiden oder eine Methode dafür angeben.

Unlängst machten Lee und Yang eine äußerst wichtige Entdeckung, die unter dem Namen „Nichterhaltung der Parität" bekannt ist. Sie gestattet es, in einigen physikalischen Erscheinungen, die in Welten und Antiwelten vor sich gehen, Asymmetrien zu finden. Diese Asymmetrie wurde vor allem bei Teilchenzerfällen, an denen ein Neutrino teilnimmt, beobachtet. Man nahm anfangs an, daß das Neutrino vom Antineutrino nicht unterscheidbar

Cowan. da in beiden Fällen die Neutrinoenergie einige MeV beträgt. Wenn es jedoch gelingen würde, Neutrinos mit der Energie von einigen GeV zu erhalten, so würde der effektive Einfangsquerschnitt stark anwachsen.

ist (MAJORANA-Hypothese). Das würde z. B. bedeuten, daß das Neutron nicht nur ein Antineutrino emittieren kann, sondern daß es neben einem Neutrino auch ein Antineutrino absorbieren kann.

Die Versuche ergaben aber, daß das Antineutrino nicht von einem Neutron absorbiert werden kann. Diese Schlußfolgerung wurde aus den negativen Ergebnissen der Versuche zum doppelten β-Zerfall gezogen. Es zeigte sich, daß ein Kern zwei Elektronen ohne Antineutrino nicht emittieren kann: Das Neutron strahlt ein Elektron und ein Antineutrino aus, das andere soll dieses Antineutrino absorbieren und ein zweites Elektron ausstrahlen.

Durch den Erhaltungssatz der Leptonenladung verstehen wir, warum beim Neutronenzerfall ein Antineutrino ausgestrahlt werden muß (und kein Neutrino) und auch warum das Neutron nur ein Neutrino absorbieren kann, d. h. ein Teilchen, daß von einem Proton emittiert worden ist.

Beschäftigen wir uns näher mit den möglichen Erscheinungsformen der Asymmetrie der mikrophysikalischen Vorgänge gegenüber der Transformation der Ladungskonjugation (C-Transformation), d. h. beim Ersetzen aller Teilchen durch die entsprechenden Antiteilchen.

Damit sich die Asymmetrie gegenüber der C-Transformation zeigen kann, muß in die Ausgangsgleichung irgendein nichtinvarianter Ausdruck in bezug auf die C-Transformation eingeführt werden. Dieser Ausdruck darf die allgemeinen Regeln der anderen Transformationen, denen die Bewegungsgleichungen der Elementarteilchen genügen, nicht verletzen. Die Theorie muß invariant gegenüber LORENTZ-Transformationen sein; und sie muß dem CPT-Theorem von LÜDERS und PAULI genügen.

Nach dem CPT-Theorem müssen die Wellengleichungen ihre Invarianz bei der gleichzeitigen Durchführung von drei Transformationen erhalten: a) *Inversion des Raumes*, d. h. beim Austausch eines rechten Koordinatensystems gegen ein linkes (P-Transformation). Es ändern alle drei räumlichen Komponenten des Vektors, z. B. des Radiusvektors $\mathfrak{r}$, des Vektorpotentials $\mathfrak{A}$, ihr Vorzeichen ($\mathfrak{r} \to -\mathfrak{r}$, $\mathfrak{A} \to -\mathfrak{A}$); b) *Zeitumkehr* ($T$-Transformation), wenn die Zeit t und auch die vierte Komponente eines Vektors (z. B. das skalare Potential Φ) ihre Vorzeichen ändern ($t \to -t$, $\Phi \to -\Phi$); c) *Ladungskonjugation* (C-Transformation), wenn Elektronen durch Positronen ersetzt werden, usw. Wenn nur das elektromagnetische Feld vorhanden ist, so bewirkt die C-Transformation einfach die Änderung des Vorzeichens der Ladung.

Als Beispiel betrachten wir die Invarianz der relativistischen LAGRANGE-Funktion der klassischen Elektrodynamik:

$$L = -m_0 c^2 \sqrt{1 - v^2/c^2} - e\Phi + \frac{e}{c}(\mathfrak{A}\mathfrak{v}), \qquad (35)$$

wobei $\mathfrak{v}$ die Geschwindigkeit des Elektrons ist. Man erkennt, daß diese Funktion invariant ist in bezug auf die LORENTZ-Transformation und auch in bezug auf die Inversion des Raumes ($\mathfrak{A} \to -\mathfrak{A}$, $\mathfrak{v} \to -\mathfrak{v}$).

Jedoch ist sie nicht invariant in bezug auf die T-Transformation $\left(\Phi \to -\Phi,\ \mathfrak{v} = \frac{d\mathfrak{r}}{dt} \to -\mathfrak{v}\right)$ und die C-Transformation ($e \to -e$) im einzelnen. Nur die gemeinsame CT-Transformation, und damit auch die gemeinsame CPT-Transformation gewährleisten die Invarianz der LAGRANGE-Funktion L. Daher ist dieser Ausdruck für die klassische LAGRANGE-Funktion durchaus zulässig vom Standpunkt der allgemeinen Theorie der Wellengleichungen.

Die gemeinsame $CT = T'$-Transformation trägt die Bezeichnung schwache Zeitumkehr (zum Unterschied von der T-Transformation, der starken Zeitumkehr), und die Transformation $CPT = R'$ heißt schwache vierdimensionale Spiegelung des Raumes und der Zeit. Deshalb müssen die Gleichungen der klassischen Elektrodynamik und auch, wie wir später zeigen, die Gleichungen einer beliebigen relativistischen Feldtheorie invariant sein in bezug auf die schwache vierdimensionale Spiegelung (R'-Transformation).

Die Asymmetrie der Wellengleichung des Neutrinos in bezug auf die C-Transformation wurde 1956 von LEE und YANG eingeführt. Hierbei setzten sie voraus, daß sich das Neutrino vom Antineutrino nicht nur durch die Leptonenladung unterscheidet (durch diese wird die Symmetrie bei der C-Transformation nicht verletzt), sondern noch durch den Drehsinn einer Spirale, d. h. durch die zirkulare Polarisation. Nach dieser Theorie muß das Neutrino an ein Photon erinnern, das eine linke Zirkularpolarisation besitzt (Teilchen mit einem linken Drehsinn einer Spirale), und das Antineutrino erinnert an ein rechtspolarisiertes Photon (Teilchen mit einem rechten Drehsinn einer Spirale).

Das Neutrino unterscheidet sich von polarisierten Photonen nur durch die Größe des Spins. Für das Photon ist der Spin gleich Eins (in Einheiten von $\hbar$), für das Neutrino einhalb.

Neutrino (Teilchen mit $E > 0$) und Antineutrino (Antiteilchen, d. h. ein „Loch" in der Unterwelt der Teilchen mit $E < 0$) sind in Abb. 9 symbolisch dargestellt. Aus der Abbildung ist ersichtlich, daß für Teilchen mit linkem Drehsinn (Neutrino) beim Hineinschrauben eines Handbohrers in Impulsrichtung die Drehung mit der Polarisationsrichtung übereinstimmt[1]), wenn der Bohrer Linksgewinde hat (s. obere Abbildung). Ein Antineutrino mit rechtem Drehsinn ist auf der unteren Abbildung symbolisiert.

Für die allgemeine Beschreibung der neuen Eigenschaft des Neutrinos mit einer Ruhemasse, die genau gleich Null ist, kann man die zweikomponentige Gleichung von WEYL benutzen. Jedoch ist diese Gleichung nicht in-

---

[1]) In der Optik ist es umgekehrt, den Handbohrer schraubt man vom Beobachter aus hinein, d. h., der Bewegungsrichtung des Photons entgegengesetzt, und deshalb nennt man ein Photon mit einem linken Drehsinn rechtspolarisiert. Diese Betrachtung wird jedoch in der Regel in der modernen Theorie der Elementarteilchen nicht benutzt.

variant beim Übergang von einem rechten zu einem linken Koordinatensystem. Letzteres wurde von LEE und YANG und auch von LANDAU als Übergang eines Neutrinos mit rechtem Drehsinn in eines mit linkem bei der P-Transformation interpretiert. Ein solcher Zustand existiert jedoch nicht.

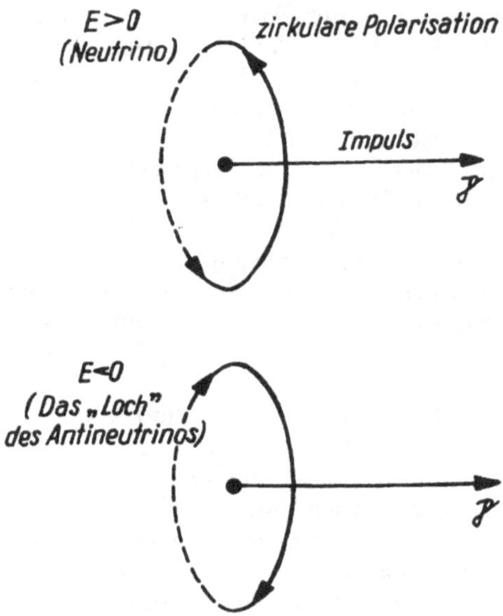

Abb. 9. Spiralität des Neutrino und Antineutrino

Um das Neutrino mit rechtem Drehsinn aufs neue existent zu machen, schlugen sie vor, die P-Transformation durch die C-Transformation zu ergänzen. Als Ergebnis dieser zwei aufeinanderfolgenden Transformationen wird das Neutrino mit linkem Drehsinn in ein real existierendes Antineutrino mit rechtem Drehsinn verwandelt. Symbolisch kann das in der Form $CP = \text{const}$ geschrieben werden.

Die letzte Transformation wurde von ihnen kombinierte Inversion genannt.

Wenn sich diese Annahme als richtig erweisen würde, dann würde die erkannte Gesetzmäßigkeit der Nichterhaltung der Parität eine Synthese aus Beobachter und Teilchen darstellen, und würde in dieser Beziehung an die Kopenhagener Interpretation des Korpuskel-Wellen-Dualismus erinnern.

Die Wahl eines linken oder rechten Koordinatensystems hängt tatsächlich ausschließlich vom Willen des Beobachters ab. Sie kann nicht auf irgendwelche Eigenschaften der Elementarteilchen Einfluß haben. Deshalb müssen bei der P-Transformation Teilchen mit rechtem Drehsinn Teilchen mit rechtem Drehsinn bleiben, es kann sich nur die Form der mathematischen Beschreibung ändern.

Die von Lee und Yang entdeckte Nichterhaltung der Parität gestattete es endlich, den Teilchenzerfall mit Teilnahme eines Neutrinos durch eine richtige Theorie zu beschreiben. Andererseits ruft aber die Interpretation dieser Erscheinung durch die kombinierte Inversion bei uns ernste Einwände hervor.

Versuchen wir eine andere Interpretation der Nichterhaltung der Parität zu geben, indem wir einfache geometrische Vorstellungen benutzen. In diesem Rahmen beschreiben wir die Rechtsdrehung in einem rechten und einem linken Koordinatensystem.

In Abb. 10 ist die Rechtsdrehung in rechten und linken Koordinatensystemen mit entgegengesetzten Richtungen der axialen Spinvektoren dargestellt. Im rechten Koordinatensystem sind Axialvektor und Impuls parallel:

$$s^r = \frac{(\mathfrak{s}^r\,\mathfrak{p})}{p} = 1\,; \tag{36}$$

im linken System antiparallel:

$$s^l = \frac{(\mathfrak{s}^l\,\mathfrak{p})}{p} = -1\,. \tag{37}$$

Analog erhalten wir für die Beschreibung des linken Drehsinns

$$s^r = -s^l = -1 . \qquad (38)$$

Die Änderung des Vorzeichens des axialen Spinvektors beim Übergang vom rechten Koordinatensystem zum linken wäre falsch gedeutet als Änderung des Drehsinns selbst.

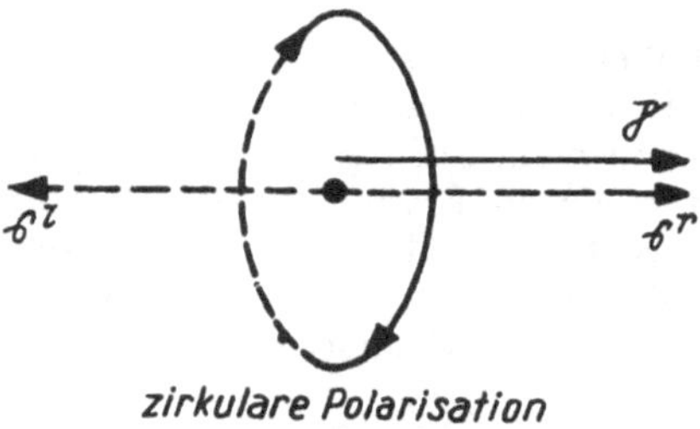

Abb. 10.
Polarisiertes Teilchen:
$\mathfrak{p}$ = Impuls (Polarvektor),
$\mathfrak{s}^r$ = Einheitsvektor des Spins im rechten System (Axialvektor),
$\mathfrak{s}^l$ = Einheitsvektor des Spins, der die gleiche Polarisation im linken System beschreibt

Zur Illustration unserer Gedanken führen wir folgendes Beispiel an. Wir setzen voraus, daß der Beobachter mit einem Propellerflugzeug fliegt, dessen Propeller relativ zur Geschwindigkeit des Flugzeuges eine rechte Schraube beschreibt. Beobachter, die für ihre Untersuchungen ein rechtes Koordinatensystem gewählt haben, werden behaupten, daß die Winkelgeschwindigkeit (axialer Vektor) der Fortbewegungsgeschwindigkeit des Flugzeuges parallel ist (polarer Vektor). Andere Beobachter, die das linke Koordinatensystem gewählt haben (d. h. vom Standpunkt der ersteren vollführen sie eine P-Transformation), behaupten das Gegenteil: Die Winkelgeschwindigkeit ist antiparallel zur Geschwindigkeit der Flugzeugbewegung; obwohl physikalisch der reale Prozeß, den die einen und die anderen Beobachter mit verschiedenen mathematischen Methoden beschreiben, der gleiche ist, nämlich eine Rechtsdrehung des Propellers.

Wir können die Eigenschaften des polarisierten Neutrinos beschreiben, wenn die Wellenfunktion der Dirac-Gleichung

$$(E - c\varrho_1(\vec{\sigma}\,\mathfrak{p}) - \varrho_3 m_0 c^2)\,\psi = 0, \qquad (39)$$

wobei ϱ_n und $\vec{\sigma}$ die bekannten DIRAC-Matrizen sind und E und $\mathfrak{p}$ die Operatoren der Energie und des Impulses, noch der zusätzlichen Bedingung

$$\frac{(\vec{\sigma}\,\mathfrak{p})}{p}\,\psi = s\,\psi \tag{40}$$

genügt. Als Beispiel untersuchen wir die Lösung, die einer positiven Energie und einem Impuls parallel zur z-Achse entspricht:

$$\psi = b\,e^{-iEt+ipz}, \tag{41}$$

wo wir einfachheitshalber $\hbar = 1$ gesetzt haben. Wenn wir die Komponenten des Polarisationsvektors einführen, die senkrecht zum Impuls gerichtet sind, $b_x = \sigma_1 b$ und $b_y = \sigma_2 b$, dann erhalten wir

$$b_y = i s b_x. \tag{42}$$

Hieraus ist ersichtlich, das für ein Antineutrino mit rechtem Drehsinn $(\bar{\nu})\ s^r = -s^l = 1$, und für ein Neutrino mit linkem Drehsinn $(\nu)\ s^r = -s^l = -1$.[1])

Damit nicht nur die DIRAC-Gleichung sondern auch die Zusatzbedingung (40) (und im Zusammenhang damit auch die Spiralität) invariant in bezug auf die LORENTZ-Transformation bleiben, mußte unbedingt, entsprechend der zweikomponentigen Theorie, vorausgesetzt werden, daß die Neutrinomasse Null ist.

Im weiteren werden wir eine Transformation als invariant bezeichnen, wenn sie die Spiralität sowohl des Neutrinos als auch des Antineutrinos ohne Veränderung erhält, ungeachtet dessen, daß sich hierbei die mathematische Form der Beschreibung der Spiralität ändern kann.

---

[1]) Nach der vierkomponentigen Theorie ist noch eine zweite Lösung möglich, wenn das Neutrino (ν') einen rechten Drehsinn hat und das Antineutrino $(\bar{\nu}')$ einen linken Drehsinn. Diese zweite Lösung beschreibt offenbar das Neutrino aus dem π-Zerfall (s. Seite 60).

Wie auch im Falle der klassischen Elektrodynamik bleibt die Gleichung des polarisierten Neutrinos nicht nur in bezug auf die P-Transformation invariant, sondern auch in bezug auf die gemeinsame CT-Transformation, d. h. der schwachen Zeitumkehr.

Um das zu beweisen, ordnen wir den Zustand mit positiver Energie dem Neutrino zu (Amplitude oder Operator b_ν), den mit negativer Energie dem Antineutrino (Operator $b_{\bar{\nu}}^+$):

$$\psi = b_\nu(\mathfrak{p}_\nu, s_\nu^r)\, e^{-iE_\nu t + \mathfrak{p}_\nu \mathfrak{r}} + b_{\bar{\nu}}^+(\mathfrak{p}_{\bar{\nu}}, s_{\bar{\nu}}^r)\, e^{iE_{\bar{\nu}} t - i\mathfrak{p}_{\bar{\nu}} \mathfrak{r}}. \tag{43}$$

Die Anfangsimpulse von Neutrino und Antineutrino wählen wir parallel zueinander

$$(\mathfrak{p}_\nu = \mathfrak{p}_{\bar{\nu}} = \mathfrak{p}) \tag{44}$$

und die Spiralität entgegengesetzt

$$(s_\nu^r = -s_{\bar{\nu}}^r = -1). \tag{45}$$

Unter Berücksichtigung der zweiten Quantelung muß man den Operator b_ν, der als Faktor bei dem Exponenten e^{-iEt} steht, als Absorptionsoperator betrachten. Wenn er multipliziert wird mit dem konjugierten Operator (d. h. der Größe b^+b gebildet wird), so ergibt er einen von Null verschiedenen Wert, wenn anfangs ein Teilchen vorhanden war. Wenn keine Teilchen vorhanden sind, dann ist die Größe b^+b gleich dem Nulloperator. Genauso ist der als Faktor beim Exponenten e^{iEt} stehende Operator b^+ ein Erzeugungsoperator, da die Größe bb^+ für Fermionen nur verschieden von Null ist, wenn keine Teilchen vorliegen.

Nach der T-Transformation ($t \to -t'$) stellen wir die Wellenfunktion in der Form

$$\psi' = b_\nu'(\mathfrak{p}_\nu', s_\nu'^r)\, e^{-iE_\nu' t' + \mathfrak{p}_\nu \mathfrak{r}} + b_{\bar{\nu}}'^+(\mathfrak{p}_{\bar{\nu}}', s_{\bar{\nu}}'^r)\, e^{iE_{\bar{\nu}}' t' - i\mathfrak{p}_{\bar{\nu}} \mathfrak{r}} \tag{46}$$

dar. Wenn wir (46) und (43) gegenüberstellen, so sehen wir, daß als Ergebnis der T-Transformation der Erzeugungsoperator des Antineutrinos in den Absorptionsoperator des Neutrinos $(b^+_{\bar\nu} \to b'_\nu)$ übergeht und Impuls und Spiralität ihr Vorzeichen ändern:

$$\mathfrak{p} \to -\mathfrak{p}', \; s^r_{\bar\nu} \to s'^r_\nu = -s^r_\nu, \text{ [1]} \qquad (47)$$

$$-\mathfrak{s}^r_{\bar\nu} \to \mathfrak{s}'^r_\nu = \mathfrak{s}^r_\nu,$$

d. h., das Neutrino mit linkem Drehsinn geht über in eins mit rechtem. Diese Situation ist mit Hilfe eines Spiegels darstellbar, der senkrecht zum Impuls aufgestellt ist (Abb. 11). Die Änderung der Spiralität des Neutrinos werden wir als Nichtinvarianz der Theorie in bezug auf die starke Zeitumkehr (symbolisch $T \neq$ const) betrachten.

Bei der C-Transformation ändert sich das Vorzeichen der Leptonenladung, d. h., anstelle von (43) erhalten wir

$$\psi' = b'_{\bar\nu}(\mathfrak{p}'_{\bar\nu}, s'^r_{\bar\nu})\, e^{-iE'_{\bar\nu}t + \mathfrak{p}'_{\bar\nu}\mathfrak{r}}$$

$$+ \, b'^+_\nu(\mathfrak{p}'_\nu, s'^r_\nu)\, e^{iE'_\nu t - i\mathfrak{p}'_\nu \mathfrak{r}}. \qquad (48)$$

Wenn wir (48) und (43) gegenüberstellen, sehen wir, daß sich als Ergebnis der C-Transformation der Erzeugungsoperator des Antineutrinos in den Erzeugungsoperator des Neutrinos verwandelt. Für Impuls und Spiralität erhalten wir

$$\mathfrak{p} \to \mathfrak{p}', \; s^r_{\bar\nu} \to s'^r_\nu = -s^r_\nu,$$

$$\mathfrak{s}^r_{\bar\nu} \to \mathfrak{s}'^r_\nu = -\mathfrak{s}^r_\nu, \qquad (49)$$

[1] Mit Hilfe der Formeln (40) und (42) kann man zeigen, daß sich bei allen unten betrachteten Transformationen, auch wenn der Vernichtungsoperator übergeht in den Erzeugungsoperator und der Neutrinooperator in den Operator des Antineutrinos, die Spiralität, die sich auf den gegebenen Operator bezieht, nicht verändert, d. h.

$$s'^r = -s'^l = s^r = \text{const.} \qquad (50)$$

d. h., das Neutrino mit linkem Drehsinn verwandelt sich in eines mit rechtem Drehsinn (symbolisch C = const). Die C-Transformation kann man auch für das Neutrino mit Hilfe eines Spiegels darstellen, jedoch muß er in diesem Falle parallel zum Impuls und nicht senkrecht wie bei der T-Transformation stehen (Abb. 11).

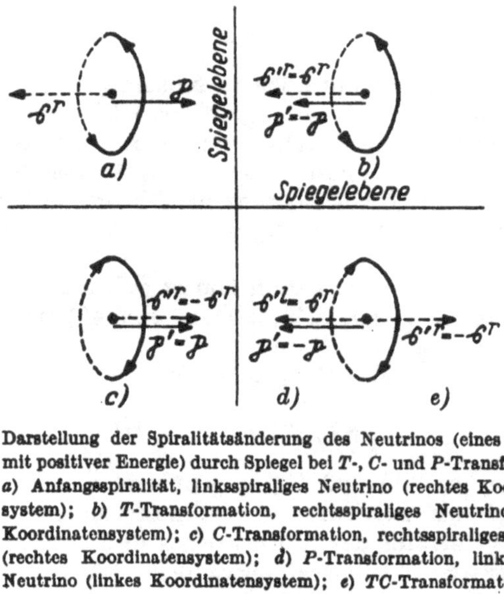

Abb. 11. Darstellung der Spiralitätsänderung des Neutrinos (eines Teilchens mit positiver Energie) durch Spiegel bei *T*-, *C*- und *P*-Transformation: *a*) Anfangsspiralität, linksspiraliges Neutrino (rechtes Koordinatensystem); *b*) *T*-Transformation, rechtsspiraliges Neutrino (rechtes Koordinatensystem); *c*) *C*-Transformation, rechtsspiraliges Neutrino (rechtes Koordinatensystem); *d*) *P*-Transformation, linksspiraliges Neutrino (linkes Koordinatensystem); *e*) *TC*-Transformation, linksspiraliges Neutrino (rechtes Koordinatensystem)

Die gemeinsame $TC = T'$-Transformation (d. h. die schwache Zeitumkehr) läßt die Theorie invariant. Wie man leicht aus den Gleichungen (43), (46) und (48) erkennen kann, geht in diesem Falle der Erzeugungsoperator des Antineutrinos in den Absorptionsoperator des gleichen Antineutrinos über, und für die neuen Impulse und Spiralitäten erhalten wir

$$\mathfrak{p} \to -\mathfrak{p}', \quad s_\nu^r \to s_\nu'^r, \quad \mathfrak{s}_\nu^r \to -\mathfrak{s}_\nu'^r. \qquad (51)$$

Man sieht, daß die schwache Zeitumkehr einer zweifachen Spiegelung (s. Abb. 11) äquivalent ist, wobei ein linksspiraliges Neutrino ein linksspiraliges bleibt.

Bei der Inversion des Raumes schließlich ($\mathfrak{r} \to -\mathfrak{r}$) bleibt der Erzeugungsoperator des Antineutrinos der gleiche Erzeugungsoperator des Antineutrinos, und Impuls und Spiralität ändern sich nach den in der Vektoralgebra üblichen Regeln:

$$\mathfrak{p} \to -\mathfrak{p}', \qquad s_\nu^r \to -s_\nu^l, \qquad \mathfrak{s}_\nu^r \to \mathfrak{s}_\nu^l. \tag{52}$$

Damit bleibt bei der P-Transformation ein linksspiraliges Neutrino ein linksspiraliges. Wenn man jedoch für die Charakterisierung der Spiralität die bedingt sinnvolle Richtung des Axialvektors verwendet, so ändert sich hierbei nur die mathematische Form der Beschreibung der linken Schraube.

In diesem Zusammenhang wollen wir feststellen, daß man mit Hilfe eines Spiegels die P-Transformation beschreiben kann, wenn entweder nur parallele polare Vektoren (der Spiegel muß senkrecht zu diesen Vektoren aufgestellt werden) oder nur parallele axiale Vektoren (der Spiegel muß parallel zu diesen Vektoren aufgestellt werden) vorhanden sind.

Wenn parallele polare und axiale Vektoren vorhanden sind (d. h. Spiralitäten), so kann sowohl die P-Transformation als auch die CT-Transformation durch zwei Reflexionen beschrieben werden (s. Abb. 11).

Wenden wir uns der Analyse einer anderen möglichen Asymmetrie in bezug auf die C-Transformation zu, die keine Folge der Polarisation des Neutrinos wie in den vorherigen Fällen ist, sondern als Folge der komplexen Kopplungskonstanten G_j der Vier-Fermionen-Wechselwirkung zu verstehen ist.

In diesem Falle hat die Bindungsenergie die Form

$$U = \sum_j G_j (\psi_p^+ \gamma_j \psi_n)(\psi_e^+ \gamma_j \psi_\nu) \tag{53}$$

und

$$U^+ = \sum_j G_j^+ (\psi_n^+ \gamma_j \psi_p)(\psi_\nu^+ \gamma_j \psi_e), \tag{54}$$

wobei ψ_p^+ die Wellenfunktion des Protons, ψ_n die Wellenfunktion des Neutrons usw. ist, und γ_j sind die DIRAC-Matrizen, die den Charakter der Wechselwirkung bestimmen.

Im speziellen Fall der Kombination der vektoriellen $(G_j = G_V,\ \gamma_j = I)$ und der pseudoskalaren Kopplung $(G_j = G_A,\ \gamma_j = \vec{\sigma})$ bleibt die vierkomponentige Fermionenwechselwirkung ein Skalar (53), (54), da sie ein inneres Produkt von je 2 Vektoren und Pseudovektoren darstellt, wogegen in der zweikomponentigen Theorie die Wechselwirkungsenergie durch eine Summe von Skalar und Pseudoskalar dargestellt wird.

Schauen wir uns jetzt an, auf welche konkreten Effekte diese zwei Erscheinungsformen der Asymmetrie bei der C-Transformation Einfluß haben.

Damit die Polarisation berücksichtigt wird, muß gefordert werden, daß die Wellenfunktion nicht nur die DIRAC-Gleichung (39), sondern auch die Zusatzbedingung (40) erfüllt. Für Proton, Neutron, Positron und Elektron sind zwei Polarisationszustände möglich $(s = \pm 1)$, für das Neutrino, dessen Masse gleich Null ist, einer, hierbei ist für das Neutrino $s_\nu^r = -s_\nu^l = -1$, und für das Antineutrino $s_{\bar{\nu}}^r = -s_{\bar{\nu}}^l = 1$.

Die Zerfallswahrscheinlichkeit des Neutrons ist dem Matrixelement

$$R_{n \to p + e^- + \bar{\nu}} = U^+ U\,, \tag{55}$$

die des Antineutrons dem Matrixelement

$$R_{\bar{n} \to \bar{p} + e^+ + \nu} = U\, U^+ \tag{56}$$

proportional. Wenn ein Neutron mit orientiertem Spin zerfällt, ergibt die Berücksichtigung der Polarisationseigenschaften des Neutrinos folgende Formel für die Beschreibung der Asymmetrie der Zahl der auslaufenden Elektronen:

$$R = \text{const}\,(1 \mp \beta a s_n s_{\bar{\nu}} (\mathfrak{p}_n^0\, \mathfrak{p}_e^0))\,, \tag{57}$$

wobei

$$a = \frac{2G_A^+ G_A + G_V^+ G_A + G_A^+ G_V}{G_V^+ G_V + 3G_A^+ G_A}. \tag{58}$$

$c\beta$ ist die Geschwindigkeit der emittierten Elektronen, $\mathfrak{p}_e^0$, $\mathfrak{p}_n^0$ sind die Einheitsvektoren der Elektronen- und Neutronenimpulse. Für das ruhende Neutron muß die Richtung von $\mathfrak{p}_n^0$ so gewählt werden, daß sie mit ihrer zirkularen Polarisation eine rechte Schraube bildet.

Dann kann man beim Zerfall des freien Neutrons sowohl im rechten als auch im linken Koordinatensystem $s_n \cdot s_{\bar{\nu}} = 1$ setzen. Diese Form der Asymmetrie und andere, die aus der Theorie der Nichterhaltung der Parität folgen, wurde durch eine Reihe von Präzisionsversuchen (Wu, Telegdi, Lederman u. a.) bestätigt, und zwar wurde für die Größe von a der Wert 0,11 gefunden.

Wenn die Konstanten G reell sind, dann folgt hieraus

$$G_A = -1{,}2\,G_V. \tag{59}$$

Da man experimentell die Halbwertszeit des Neutrons bestimmt (11,7 min) hat, kann man den Zahlenwert für die Konstante ausrechnen:

$$G_V = (1{,}42 \pm 0{,}03) \cdot 10^{-49}\,\mathrm{erg} \cdot \mathrm{cm}^3.$$

Aus der Formel (57) ist speziell erkennbar, daß in der Richtung, die mit der zirkularen Polarisation des Neutrons eine rechte Schraube bildet, die Zahl der herausfliegenden Elektronen kleiner ist als in der entgegengesetzten Richtung. Bei der Bestimmung des Zerfalls des Antineutrons führt das Matrixelement (56) auch zu Formeln der Form (57) und (58), wenn man in den letzteren den Austausch vornimmt:

$$G \to G^+, \quad s_{\bar{\nu}} \to s_\nu, \quad s_n \to s_{\bar{n}}. \tag{60}$$

Es ist klar, daß dieser Austausch nicht zu einem anderen Zahlenwert für den Koeffizienten a führt (s. (58)), aber er gibt ein anderes Vorzeichen für das Produkt $s_{\bar{n}} \cdot s_{\nu}$, da das Neutrino im Vergleich zum Antineutrino eine andere Spiralität besitzt[1]):

$$s_{\nu} = -s_{\bar{\nu}}. \tag{61}$$

Hieraus folgt, daß wir beim Zerfall des Antineutrons eine Asymmetrie haben, die der Asymmetrie, die man beim Neutronenzerfall beobachtet, entgegengesetzt ist, d. h., in die Richtung, die mit der zirkularen Polarisation des Antineutrons eine rechte Schraube bildet, wird die größere Anzahl der Positronen fliegen. Erinnern wir uns, daß beim Zerfall des Neutrons in diese Richtung weniger Elektronen emittiert wurden.

Geometrisch ist die Entstehung der räumlichen Asymmetrie, die durch die Spiralität des Neutrinos bedingt ist, in Abb. 12 abgebildet. Da dort die Spiralität durch eine Rotation beschrieben ist (und nicht durch einen axialen Vektor des Spins), so hat sowohl im linken als auch im rechten Koordinatensystem die Asymmetrie die gleiche Form, d. h., die Zirkularpolarisation erhält ihre Orientierung in bezug auf den Impuls.

Wenn das Neutron nicht polarisiert ist, so führt die Nichterhaltung der Parität (bedingt durch die Spiralität des Neutrinos) zur Polarisation der Elektronen. Die Formel für den Polarisationsgrad ist

$$R = \text{const}\,(1 - s_e s_{\bar{\nu}} \beta). \tag{62}$$

Man erkennt, daß sowohl im rechten als auch im linken Koordinatensystem die Bildung linksspiraliger Elektronen ($s_e s_{\bar{\nu}} = -1$) überwiegt, da die Antineutrinos rechtsspiralig sind ($s_{\bar{\nu}}^r = -s_{\bar{\nu}}^l = 1$). Beim Zerfall des

---

1) Im Atomkern ist auch der Positronenzerfall möglich ($p \to n + e^+ + \nu$). Dann müssen wir ausgehend von dem Ausdruck (56), um von den Formeln des elektronischen β-Zerfalls des Kerns zu den Formeln für den Positronenzerfall zu gelangen, die auch die Form (57) und (58) haben, in diesen folgenden Austausch durchführen:

$$G_V \to G_V^+; \quad G_A \to -G_A^+; \quad s_{\bar{\nu}} \to s_{\nu}, \quad s_n \to s_p. \tag{62a}$$

Antineutrons jedoch werden vor allem rechtsspiralige Positronen emittiert werden, da in (62) der Austausch $s_e s_{\bar{\nu}} \to s_{\bar{e}} s_\nu$ ausgeführt werden und man $s_\nu^r = -s_\nu^l = -1$ setzen muß. Im ultrarelativistischen Fall $(\beta = 1)$ strebt natürlich der Polarisationsgrad der Elektronen und Positronen gegen 100%.

Wenn die Konstanten G komplex sind, so ist noch eine dritte Äußerung der Nichterhaltung der Parität möglich,

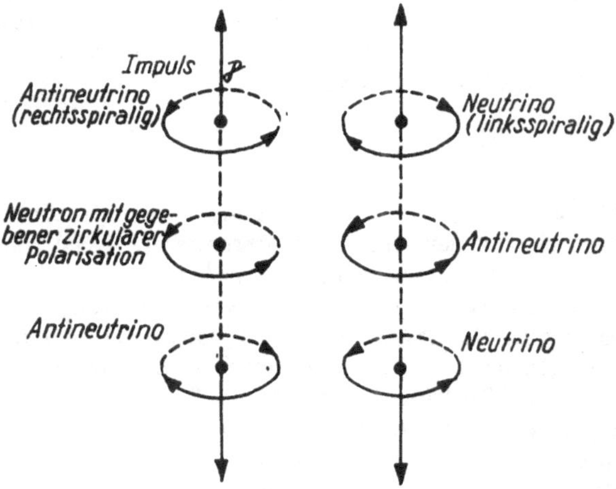

Abb. 12. Entstehung der räumlichen und Ladungsasymmetrie beim Zerfall des Neutrons und des Antineutrons

die gekoppelt ist mit einer neuen Ladungsasymmetrie. Die komplexen Werte der Konstanten G übertragen die Asymmetrie auf die Matrixelemente (55) und (56).

Wenn wir damit den Zerfall polarisierter Neutronen untersuchen, so finden wir, daß die komplexen Konstanten G eine azimutale Asymmetrie liefern, deren Maximum in der Ebene liegt, die senkrecht zum Spin des Neutrons $(\Theta = \pi/2)$ steht, während die polare Asymmetrie (s. (57)) überhaupt verschwindet.

Beim Neutronenzerfall wird diese azimutale Asymmetrie durch das folgende zusätzliche Glied charakterisiert:

$$\Delta R = \text{const}\, i\,(G_V^+ G_A - G_A^+ G_V)\,(\mathfrak{s}_n [\mathfrak{p}_{\bar{\nu}}^0 \mathfrak{p}_e^0])\,. \tag{63}$$

Für die experimentelle Beobachtung der azimutalen Asymmetrie müssen in der Ebene, die senkrecht zum Spin des Neutrons steht, zwei Zähler aufgestellt werden, die die Impulse des gleichzeitig auftretenden Elektrons und Antineutrinos fixieren; es ist experimentell wesentlich einfacher, nicht den Impuls des Antineutrinos zu bestimmen sondern den des Protons

$$\mathfrak{p}_p = -\mathfrak{p}_e - \mathfrak{p}_{\bar{\nu}}\,. \tag{64}$$

Geometrisch ist die Form der azimutalen Asymmetrie genau wie die der polaren Asymmetrie (s. (57)) mit der verschiedenen Orientierung zweier Konturen verbunden. Eine dieser Konturen charakterisiert die longitudinale Polarisation des Neutrons (Axialvektor $\mathfrak{s}_n$), die andere das Vektorprodukt aus den Impulsen des Antineutrinos $\mathfrak{p}_{\bar{\nu}}$ und des Elektrons $\mathfrak{p}_e$, wobei die Richtung der letzten Kontur durch die Richtung des ersten Vektors $\mathfrak{p}_\nu$ bestimmt ist (axialer Vektor $[\mathfrak{p}_{\bar{\nu}}^0 \mathfrak{p}_e^0]$).

Die Existenz des Gliedes ΔR, das die „Komplexheit" der Kopplungskonstanten G der Vier-Fermionen-Wechselwirkung charakterisiert, kann experimentell beobachtet werden, wenn der Spin des Neutrons um 180° gedreht wird. In diesem Falle kehrt sich die relative Orientierung der Konturen um, was zu einer Vorzeichenänderung beim Glied ΔR führen muß (Abb. 13).

Die Experimente, die mit der Beobachtung dieser Dreierkorrelation verbunden sind, müssen äußerst präzise sein; daher ist bis heute die Existenz dieses Gliedes noch nicht bewiesen, es scheint sogar, daß die Experimente sein Fehlen zeigen, d. h., die Koeffizienten G sind reelle Zahlen.

Wenn ein Antineutron zerfällt, müssen wir nach (60) in (63) $G \to G^+$, $\mathfrak{s}_n \to \mathfrak{s}_{\bar{n}}$ usw. austauschen, was das Vorzeichen von ΔR ändert, d. h., der Ausdruck (63) ist nicht invariant in bezug auf die C-Transformation.

Wir zeigen jedoch, daß die in der Theorie des polarisierten Neutrinos enthaltenen Ergebnisse immer invariant in bezug auf solche Transformationen bleiben, die den Neutrinooperator wieder in den Neutrinooperator überführen.[1])

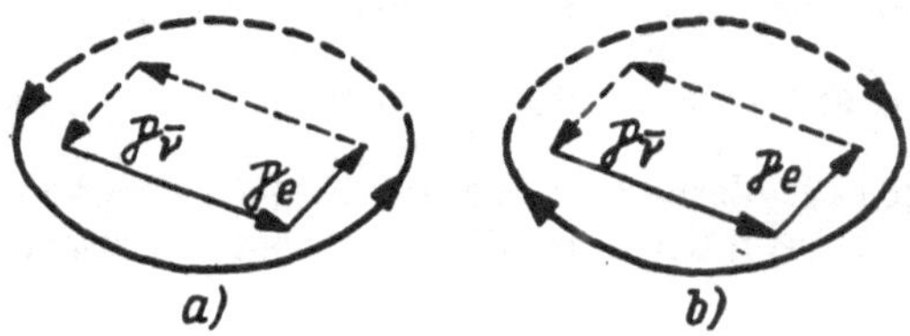

Abb. 18. Änderung der azimutalen Asymmetrie bei der Umkehrung des Neutronenspins: *a*) zirkulare Polarisation des Neutrons vor der Spinumkehrung; *b*) zirkulare Polarisation des Neutrons nach der Spinumkehr

Zu den Ähnlichkeitstransformationen muß man auch die Inversion des Raumes zählen:

$$G \to G, \quad \mathfrak{p} \to -\mathfrak{p}, \quad \mathfrak{s}^r \to \mathfrak{s}^l \tag{65}$$

und die schwache Zeitumkehr $T' = CT$:

$$G \to G^+, \quad \mathfrak{p} \to -\mathfrak{p}, \quad \mathfrak{s}^r \to -\mathfrak{s}^r. \tag{66}$$

Es kann leicht geprüft werden, daß die drei konkreten Ergebnisse (s. (57), (62), (63)), die die Nichterhaltung der Parität charakterisieren, invariant sind in bezug auf die P- und die T'-Transformation. Deshalb kann man die Verallgemeinerung des CPT-Theorems für das polarisierte Neutrino in der Form

$$PT' = CPT = \text{const} \tag{67}$$

---

[1]) Wir wollen festhalten, daß sich der Neutrinooperator bei einer C- oder ein r T-Transformation in den Operator des Antineutrinos transformiert.

schreiben. Bei der Analyse der Nichterhaltung der Parität mit Hilfe der kombinierten Inversion von Landau, Lee und Yang führt, wenn die Koeffizienten G komplex sind, das CPT-Theorem zu einigen widersprüchlichen Ergebnissen. Die Nichterhaltung der Parität, gekoppelt mit den komplexen Koeffizienten G (s. (63)), führt zur Beziehung (67). Während die Erscheinungsform der Nichterhaltung der Parität durch die Berücksichtigung der Polarisationseigenschaften des Neutrinos (s. (57) und (62)) zur kombinierten Inversion folgender Form führt:

$$P \neq \text{const}, \quad C \neq \text{const}, \quad PC = \text{const}, \quad T' = \text{const}, \tag{68}$$

wodurch die Verallgemeinerung des CPT-Theorems beim Vorhandensein der Spiralität scheinbar die Form

$$CPT' = \text{const} \tag{69}$$

annimmt. Da die Transformation (67) der Transformation (69) widerspricht, nehmen die Anhänger der kombinierten Inversion an, daß der Ausdruck (63) gleich Null gesetzt werden muß, oder, wie sie sagen, es muß die zeitliche Nichtinvarianz fehlen. Das ist nur dann möglich, wenn alle Konstanten G reelle Zahlen sind.

Nach der Theorie des polarisierten Neutrinos sind alle drei Formeln (57), (62) und (63) eine Folge der Nichtinvarianz der Theorie in bezug auf die C-Transformation[1]), d. h. des Überganges von Teilchen zu Antiteilchen; sie bleiben invariant bei der P- und auch bei der T'-Transformation. Deshalb können ausgehend von diesem Standpunkt die Konstanten G sowohl reell als auch komplex sein. Tatsächlich, die eingeführte Neutrinopolarisation und die komplexen Koeffizienten G erfüllen ein und dieselbe Bedingung (67). Das Fehlen des Zusatzgliedes (63) widerspricht der Theorie nicht und weist nur darauf hin, daß die Konstanten G reell sind.

[1]) Das führt automatisch zur Nichtinvarianz der Theorie in bezug auf die T-Transformation.

Möglicherweise gelingt es, in Zukunft eine Asymmetrieform zu finden, die mit den komplexen Konstanten G gekoppelt ist.

Es muß unterstrichen werden, daß die Entdeckung der Nichterhaltung der Parität es gestattete, nicht nur qualitativ, sondern auch quantitativ den β-Zerfall und den Zerfall der Mesonen zu erklären, obwohl viele Fragen, die mit den schwachen Wechselwirkungen verbunden sind, noch unklar bleiben.

6. „Müonen“, „seltsame Teilchen“ und „Resonanzen“

Es ist bekannt, daß YUKAWA die Existenz von Quanten des Kernfeldes vorhersagte, die sich im weiteren als π-Mesonen erwiesen. Bei der Entdeckung dieser Teilchen komplizierte sich jedoch die Situation durch den Umstand, daß zuerst die μ-Mesonen entdeckt wurden, die man zunächst fälschlich als die Quanten des Kernfeldes ansah.

Die Masse der μ-Mesonen, die gleich $207 \cdot m_0$ ist, d. h. mit der Vorhersage YUKAWAS übereinstimmte, sprach für diese falsche Annahme. Die Rolle der Quanten des Kernfeldes konnten die μ-Mesonen jedoch nicht beanspruchen, da sie keine starke Wechselwirkung mit dem Kern vermittelten. Es erwies sich, daß ihr Spin gleich $^1/_2$ ist. Deshalb können sie genau wie die Elektronen nicht ohne Teilnahme des Neutrinos vom Kern absorbiert oder emittiert werden.

Da wir heute die richtigen Quanten des Kernfeldes kennen (die π-Mesonen), kann die Existenz der μ-Mesonen nicht begründet werden. Daher nennen sie manche Theoretiker Müonen oder scherzhaft „Findlinge“. Die μ-Mesonen haben eine relativ lange Lebensdauer (10^{-6} sec), da sie in drei Teilchen zerfallen: Elektron (Positron) und zwei Antineutrinos (Neutrinos). Da die μ-Mesonen in ihren Eigenschaften an die Elektronen erinnern (Spin,

Ladung, Inaktivität in bezug auf den Kern), können sie μ-Mesonatome bilden, wo die Hauptrolle wie in den gewöhnlichen Atomen den elektrischen Kräften zukommt. Um den Kern des Mesonatoms kreisen anstelle der Elektronen negative μ-Mesonen. Da die Masse des μ-Mesons mehr als 200mal größer ist als die Masse des Elektrons, ist der Radius des μ-Mesonatoms 200 Z-mal kleiner als der Radius des Wasserstoffatoms, wobei Z die Ordnungszahl des Elementes ist.

Besonderes Interesse besitzt die Untersuchung der schweren μ-Mesonatome (mit großen Z). Bei ihnen liegt der Bahnradius schon innerhalb des Kerns; das gestattet, viele Daten über seine Ladungsverteilung zu verfeinern.

Bei der Bestimmung der Leptonenladung der μ-Mesonen berücksichtigen wir folgende experimentelle Fakten: a) beim Zerfall des π-Mesons werden gemeinsam mit dem rechtsspiraligen μ^--Meson rechtsspiralige Neutrinos (oder Antineutrinos) gebildet; b) die rechtsspiraligen Müonenneutrinos sind nicht identisch mit den rechtsspiraligen Elektronenantineutrinos (bei der Absorption schneller Müonenneutrinos durch Nukleonen bilden sich nur μ-Mesonen und keine Elektronen).

Diese Fakten werden berücksichtigt, wenn man zur Beschreibung des Neutrinos die vierkomponentige Theorie verwendet, die zwei Typen von Lösungen hat (s. Fußnote auf Seite 47). Wenn der erste Lösungstyp (das Neutrino ν ist linksspiralig, das Antineutrino $\bar{\nu}$ rechtsspiralig) auf das Elektronenneutrino bezogen wird, so muß der zweite Lösungstyp (das Neutrino ν' ist rechtsspiralig, das Antineutrino $\bar{\nu}'$ ist linksspiralig) für das Müonenneutrino gelten.

In diesem Falle erfolgt der Zerfall der π-Mesonen nach dem Schema

$$\begin{aligned} \pi^- &\to \mu^- + \nu', \\ \pi^+ &\to \mu^+ + \bar{\nu}'. \end{aligned} \tag{70}$$

Da μ-Meson und Neutrino nach entgegengesetzten Seiten auseinanderfliegen, muß die Spiralität der μ-Mesonen mit der Spiralität des Neutrinos übereinstimmen.

Man sieht, daß die Leptonenladung des μ^+-Mesons genau wie beim Elektron gleich $+1$ ist, und die des μ^--Mesons gleich -1. Daher ist speziell der Zerfall

$$\mu^- \rightarrow e^- + \gamma \tag{71}$$

verboten.

Die Entdeckung eines Müonenneutrinos fügt sich also zwangslos in den Rahmen der vierkomponentigen Theorie ein und begrenzt die Anwendbarkeit der zweikomponentigen Theorie von LEE, YANG und LANDAU.

Die nächste äußerst wichtige Etappe in der Entwicklung der Lehre von den Elementarteilchen war die Entdeckung der seltsamen Teilchen (K-Mesonen und Hyperonen).

Das Seltsame ihres Verhaltens besteht darin, daß ihr Zerfallsprozeß und ihr Bildungsprozeß nach unterschiedlichen Reaktionsschemen verlaufen.[1])

So zerfällt z. B. das Λ-Hyperon (Λ ist ein neutrales Teilchen) durch die schwache Wechselwirkung (mit der Lebensdauer von 10^{-10} sec) in ein Proton (p) und ein π^--Meson. Umgekehrt kann sich beim Stoß eines Protons mit einem π^--Meson ein Λ-Hyperon allein nicht bilden, d. h., der Prozeß des Zerfalls der „Strange Particles" und der Prozeß ihrer Bildung sind nicht umkehrbar. Das Λ-Hyperon wird immer gemeinsam mit einem anderen Strange Particle, z. B. einem K^0-Meson gebildet, wobei ihr Bildungsprozeß durch eine Zeit der Größenordnung 10^{-23} sec gekennzeichnet ist, d. h., er wird durch die starke Wechsel-

---

[1]) Es ist bekannt, daß die Zeitdauer der verschiedenen Prozesse proportional dem entsprechenden Quadrat der Wechselwirkungskonstanten ist. Wenn wir die Quadrate der Konstanten der starken, der elektromagnetischen und der schwachen Wechselwirkungen durch g^2, e^2 und f^2 bezeichnen, so erhalten wir für ihre Beziehung folgende Werte: $g^2 : e^2 : f^2 = 1 : 10^{-3} : 10^{-15}$. Wenn deshalb die Umwandlungszeit der Elementarteilchen durch die starke Wechselwirkung die Größenordnung 10^{-23} sec hat (z. B. Absorption der π-Mesonen durch ein Proton), so ist die Reaktionszeit durch die elektromagnetische Wechselwirkung in der Regel ungefähr 1000mal größer. Die Zeit der Reaktionen, die durch die schwache Wechselwirkung bedingt sind (z. B. der π-Mesonenzerfall) hat die Größenordnung 10^{-8} – 10^{-10} sec.

wirkung verursacht. Wir stellen fest: Strange Particles (engl. seltsame Teilchen) werden immer gemeinsam, in Paaren (starke Wechselwirkung) erzeugt, und zerfallen einzeln (schwache Wechselwirkung).

Für die Erklärung der Erzeugungsprozesse wurde eine neue Charakteristik der Elementarteilchen eingeführt, die die Bezeichnung „Strangeness" erhielt und mit dem Buchstaben S bezeichnet wird.

Diese Größe muß in Prozessen, die durch starke Wechselwirkung verursacht sind, wie z. B. bei der Erzeugung von Hyperonen, erhalten bleiben.

Um für die Reaktion

$$p + \pi^- = \Lambda + K^0, \tag{72}$$

die durch die starke Wechselwirkung bewirkt wird, $\Sigma S =$ const zu erhalten, muß die Strangeness des K^0-Mesons gleich plus Eins ($S = +1$) und die des Λ-Hyperons gleich minus Eins ($S = -1$) gesetzt werden. Beim Zerfall der Strange Particles (schwache Wechselwirkung) kann sich die Strangeness um Eins ($\Delta S = \pm 1$) ändern, z. B. ist in der Zerfallsreaktion $\Lambda \rightarrow p + \pi^-$ die Strangeness des Λ-Hyperons gleich minus Eins und die des Protons und des π-Mesons gleich Null.

Als äußerst wichtig erwies sich bei der Erforschung der Hyperonen die experimentelle Entdeckung der Hyperfragmente, bei denen z. B. eines der Neutronen eines Kernes durch ein Λ-Hyperon ersetzt ist. Das System $p + \Lambda$ (d. h. ein Λ-Deuteron ${}_\Lambda H^2$) existiert nicht. Das deutet darauf hin, daß die Kräfte zwischen p und Λ etwas schwächer sind als zwischen p und n. Sie haben jedoch die gleiche Größenordnung, denn sie können folgende Hyperfragmente bilden:

$${}_\Lambda H^3(p + n + \Lambda), \quad {}_\Lambda H^4(p + 2n + \Lambda) \tag{73}$$

usw., bis zu den schwersten Kernen. Die Lebensdauer dieser Hyperfragmente stimmt ungefähr mit der Lebensdauer der Λ-Hyperonen (10^{-10} sec) überein.

Die Existenz der Hyperfragmente unterstreicht noch einmal das Gemeinsame der Nukleonen und Hyperonen und rechtfertigt ihre Einbeziehung in die gemeinsame Gruppe der Baryonen mit der gleichen Baryonenzahl $B = 1$.

GELL-MANN und unabhängig von ihm NISHIJIMA schlugen 1955 vor, die stark wechselwirkenden Teilchen (π-Mesonen, Nukleonen und Strange Particles) nach folgender Formel zu klassifizieren:

$$Q = I_3 + \frac{B + S}{2}, \tag{74}$$

hierbei ist Q die elektrische Ladung des Teilchens in Einheiten von e_0, I_3 die Projektion des Isospins, B die Baryonenzahl und S die Strangeness.

Für die erste Gruppe der Bosonen, die π-Mesonen, ist $S = 0$ und $I = 1$. Deshalb erhalten wir für sie ein Ladungstriplett, wobei die Größe der elektrischen Ladung mit der Projektion des Isospins zusammenfällt:

$$Q = I_3, \tag{75}$$

da $I_3 = +1, 0, -1$ sich auf die π^+-, π^0- und π^--Mesonen bezieht.

Der Zerfall der π-Mesonen erfolgt mittels der schwachen Wechselwirkung. Die Lebensdauer hat daher die Größenordnung 10^{-8} sec. Das neutrale π-Meson zerfällt durch die elektromagnetische Wechselwirkung $\pi^0 \to 2\gamma$. Deshalb ist seine Lebensdauer bedeutend geringer (10^{-16} sec).

Für die zweite Gruppe der Bosonen, die K-Mesonen, muß in der Formel von GELL-MANN und NISHIJIMA $I_3 = \pm 1/2$ (Dublett) gesetzt werden, $B = 0$, $S = \pm 1$. Daher müssen vier K-Mesonen existieren.

Für das K^+-Meson:

$$S = 1 \quad \text{und} \quad I_3 = \frac{1}{2}, \tag{76}$$

für das K^0-Meson:

$$S = 1 \quad \text{und} \quad I_3 = -\frac{1}{2}. \tag{77}$$

Im Falle

$$S = -1 \quad \text{und} \quad I_3 = \pm\frac{1}{2} \tag{78}$$

haben wir die entsprechenden Antiteilchen

$$\overline{K^0} \quad \text{und} \quad \overline{K^-}. \tag{79}$$

Wenn sich das $\overline{K^-}$-Meson vom K^+-Meson nicht nur durch die Strangeness sondern auch durch das Vorzeichen der elektrischen Ladung unterscheidet, so unterscheiden sich $\overline{K^0}$-Meson und K^0-Meson nur durch die Strangeness. Das ist sehr wichtig für die Erzeugung dieser Teilchen, denn die Strangeness muß erhalten bleiben.

Das K^+-Meson kann sowohl in zwei als auch in drei π-Mesonen zerfallen. Man nahm lange an, daß es sich um verschiedene Teilchen handelt. Das erste nannte man Tau-Meson (τ) das zweite Theta-Meson (Θ). Heute wissen wir, daß es ein und dasselbe Teilchen ist.

Das Problem der Lösung des „Tau-Theta“-Rätsels diente als Ausgangspunkt der Arbeiten zur Nichterhaltung der Parität, endgültig ist das Rätsel jedoch bis heute noch nicht gelöst.

Genauso können die beiden neutralen K-Mesonen (K^0 und $\overline{K^0}$) nur in einem bestimmten Gemisch miteinander existieren, welches beide Teilchen in gleichen Proportionen enthält.

Die Superposition dieser neutralen Mesonen bildet zwei Zustände, das K_1^0-Meson und das K_2^0-Meson. Die Existenz des K_2^0-Mesons wurde auf Grund des Schemas der Strange Particles vorhergesagt.

Die Hauptunterschiede dieser neutralen Mesonen bestehen in ihrer Zerfallsart.

Das K_1^0-Meson zerfällt in zwei π-Mesonen mit der Lebensdauer 10^{-10} sec, das K_2^0-Meson zerfällt in drei π-Mesonen[1]) mit der Lebensdauer 10^{-7} sec. In dieser Beziehung

[1]) Cronin und Fitch (Princeton) haben vor kurzem gefunden, daß das K_2^0-Meson auch in zwei π-Mesonen zerfallen kann (Mitteilung auf der Internatio-

erinnert das K_1^0-Meson in gewissem Grade an das Parapositronium (das in 2γ zerfällt) und das K_2^0-Meson an das Orthopositronium (das in 3γ zerfällt).

Die neutralen K-Mesonen unterscheiden sich also nach der Art ihrer Erzeugung und ihres Zerfalls.

Während in der Gruppe der Bosonen die Trennung in Teilchen und Antiteilchen nicht scharf definiert ist, da für sie $B = 0$, so ist in der Gruppe der schweren Fermionen (Baryonen) die Trennung in Teilchen und Antiteilchen wohlbestimmt durch die verschiedenen Werte der Baryonenzahl B (für die Teilchen ist $B = 1$, für die Antiteilchen ist $B = -1$).

Alle Teilchen der Baryonengruppe können aus der Formel von Gell-Mann und Nishijima hergeleitet werden.

Für die Nukleonen ist $I = 1/2$ (Dublett) und $S = 0$. Das ergibt zwei Dublettpaare mit $B = 1$ (Nukleonen) und $B = -1$ (Antinukleonen).

Für die Hyperonen ist folgendes möglich:

a) Ein Paar neutraler Singletts ($I = 0$), die sich voneinander durch den Wert der Strangeness und der Nukleonenladung unterscheiden: Für das Λ-Hyperon ist $B = 1$, $S = -1$; für das $\bar{\Lambda}$-Hyperon ist $B = -1$, $S = 1$.

b) Ein Paar Tripletts ($I = 1$, $B = 1$, $S = -1$ ist das eine Triplett, $I = 1$, $B = -1$, $S = 1$ das andere Triplett), welches die Familie der sogenannten Σ-Hyperonen verbindet.

c) Ein Paar Dubletts ($I = 1/2$, $B = 1$, $S = -2$ und $I = 1/2$, $B = -1$, $S = 2$), die die sogenannten Kaskadenhyperonen (Ξ) bilden.

d) Ein Paar geladener Singletts ($I = 0$); für das Ω-Hyperon ist $B = 1$, $S = -3$; für das Ω^+-Hyperon ist $B = -1$, $S = 3$.

---

nalen Konferenz über hohe Energien, Dubna, August 1964). Diese Versuche, die noch nicht bestätigt sind, befinden sich im Widerspruch mit der Erhaltung der kombinierten Inversion.

Da die Strangeness der Ξ-Hyperonen gleich minus Zwei ist, können sie beim Stoß von Protonen mit negativen K-Mesonen erzeugt werden, deren Strangeness gleich minus Eins ist:

$$\overline{K^-} + p \to \begin{cases} \Xi^- + K^+ \\ \Xi^0 + K^0. \end{cases} \tag{80}$$

In dieser Reaktion muß neben der Erhaltung der Baryonenzahl noch der Erhaltungssatz der Strangeness erfüllt sein (starke Wechselwirkung).

Da sich beim Zerfall der Strange Particles die Strangeness um Eins ändert, verwandelt sich das Ξ-Hyperon in zwei Etappen (d. h. durch eine Zwischenstufe) in ein Proton:

$$\Xi^- \longrightarrow \Lambda + \pi^- \to p + 2\pi^-. \tag{81}$$

Die Einführung der Strangeness und der Baryonenzahl macht also eine Klassifikation der stark wechselwirkenden Teilchen möglich. Die Tabelle 2 zeigt diese von Gell-Mann und Nishijima angegebene Klassifikation.

Indem man die Strangeness S bestimmt, kann man das Ladungsmultiplett und damit die Anzahl der Teilchen finden, die eine Familie bilden. Natürlich muß hierbei noch berücksichtigt werden, daß neben den Teilchen auch Antiteilchen existieren, die nicht nur eine entgegengesetzte elektrische Ladung, sondern auch eine entgegengesetzte Baryonenzahl und Strangeness besitzen. Dadurch haben Gell-Mann und Nishijima eine Reihe Teilchen vorhergesagt, die in Tabelle 2 aufgeführt sind.

Diese Teilchen wurden später experimentell nachgewiesen.

Die Frage des „singletten“ Bosons, des sogenannten π_0^0-Mesons, dessen Existenz der Tabelle von Gell-Mann und Nishijima nicht widerspricht, ist noch nicht geklärt.

In die Tabelle von Gell-Mann und Nishijima gehen die leichten Fermionen (Elektron, μ-Meson, Neutrino usw.) und das Photon nicht ein, wir haben sie in der Tabelle 3 zusammengestellt.

Für die Charakterisierung der leichten Teilchen ist es nicht notwendig, den Isospin, die Strangeness und die

Baryonenzahl, die die Lage der Teilchen im Schema von Gell-Mann und Nishijima bestimmen, einzuführen; deshalb bezieht man besser die leichten Teilchen in dieses Schema nicht mit ein. Sie werden neben der elektrischen

Tabelle 2. Stark wechselwirkende Teilchen nach Gell-Mann und Nishijima

Strangeness S Teilchen	Strangeness S Antiteilchen	Ladungsmultiplett	$Q=1$	$Q=0$	$Q=-1$	$Q=0$	$Q=1$	$Q=0$	$Q=-1$
			Bosonen $B = 0$						
0	0	Singlett $I = 0$				$**\pi_0^0$			
		I_3				0			
0	0	Triplett $I = 1$			π^-	π^0	π^+		
		I_3			-1	0	$+1$		
1	-1	Dublett $I = 1/2$	K^+	K^0				$*\overline{K^0}$	$\overline{K^-}$
		I_3	$1/2$	$-1/2$				$1/2$	$-1/2$
			Baryonen $B = 1$			Antibaryonen $B = -1$			
0	0	Dublett $I = 1/2$	p	n				$*\overline{n}$	$*\overline{p}$
		I_3	$1/2$	$-1/2$				$1/2$	$-1/2$
-1	1	Singlett $I = 0$		Λ				$*\overline{\Lambda}$	
		I_3		0				0	
-1	1	Triplett $I = 1$	Σ^+	$*\Sigma^0$	Σ^-		$*\overline{\Sigma^+}$	$*\overline{\Sigma^0}$	$*\overline{\Sigma^-}$
		I_3	1	0	-1		1	0	-1
-2	2	Dublett $I = 1/2$		$*\Xi^0$	Ξ^-		$*\overline{\Xi^+}$	$**\overline{\Xi^0}$	
		I_3		$1/2$	$-1/2$		$1/2$	$-1/2$	
-3	3	Singlett $I = 0$			$*\Omega^-$		$**\overline{\Omega^+}$		
		I_3			0		0		

Die Grundlage dieser Klassifikation bildet die Formel

$$Q = I_3 + \frac{B + S}{2},$$

wobei Q die elektrische Ladung (in Einheiten von e_0), I der Isospin, I_3 die z-Komponente des Isospins, B die Baryonenzahl, S die Strangeness ist.

Mit einem Stern sind alle die Elementarteilchen markiert, deren Existenz von der Theorie vorhergesagt wurde. Diese Teilchen sind schon experimentell beobachtet worden. Mit zwei Sternen sind die Teilchen gekennzeichnet, deren Existenz zweifelhaft ist.

Tabelle 3. Die leichten Elementarteilchen (Leptonen)

Wechselwirkung	Müonen-	Elektronen-		Elektronen-	Müonen-
Leptonenladung	+1 Teilchen		0	−1 Antiteilchen	
Photon			γ		
Neutrino	ν' (rechts)	ν (links)		$\bar{\nu}$ (rechts)	$\bar{\nu}'$ (links)
Elektronen		e^-		e^+	
μ-Mesonen	μ^+				μ^-

Ladung durch die Leptonenladung, die für die stark wechselwirkenden Teilchen gleich Null ist, charakterisiert.

Alle bis zum heutigen Tag entdeckten (oder mit Sicherheit vorhergesagten) Elementarteilchen sind in der Tabelle 4 enthalten.

Offenbar muß noch ein Boson existieren, und zwar das Graviton, das im zukünftigen allgemeinen Schema der Elementarteilchen enthalten sein wird. Nach der Hypothese von D. D. Iwanenko können sich die Gravitonen in ein Paar Elektron-Positron, Neutrino-Antineutrino und andere Teilchen verwandeln. Die Existenz der Gravitonen wird endgültig experimentell bewiesen, wenn Gravitationswellen beobachtet worden sind. Das heißt, das Problem der Beobachtung der Gravitationswellen steht schon auf der Tagesordnung und bildet eines der wichtigsten gegenwärtigen Probleme.[1])

Eine wichtige Aufgabe ist die Schaffung einer allgemeinen Theorie der Elementarteilchen; besonders die Theorie der starken Wechselwirkungen, wo offenbar die einzelnen Teilchen stark mit dem Vakuum gekoppelt sind, ist noch mangelhaft ausgearbeitet.

Tatsächlich, während der Vakuumanteil des magnetischen Moments des Elektrons ungefähr tausendmal kleiner ist als der Diracsche, so ist er für das Proton ungefähr zweimal größer als der Diracsche.

---

[1]) Möglicherweise spielt das Graviton eine Rolle bei der Bestimmung der inneren Eigenschaften der Elementarteilchen.

Durch die Analyse der Streuversuche von HOFSTADTER und WILSON von schnellen Elektronen an Nukleonen kamen wir zu dem Schluß, daß die das Nukleon umgebenden π-Mesonen sich in einem so angeregten Zustand befinden, daß die π-Mesonenwolke schon irgendein Mittelding sein muß zwischen realem Zustand, der an das Elektron im Atom erinnert, und innerem Zustand, der z. B. durch das polarisierte Vakuum bedingt ist.

Großes Interesse bei der Entwicklung aller dieser Fragen besitzen auch die unlängst im Gebiet hoher Energien (einige hundert Megaelektronenvolt) entdeckten Resonanzzustände im System der stark wechselwirkenden Teilchen („Resonanzen"), die eine Art kurzlebiger metastabiler Verbindungen bilden.

Die „Resonanzen" wurden bei der Erforschung der Wechselwirkung der Teilchen hoher Energie, die mit Beschleunigern erzeugt wurden, entdeckt.

Analoge Resonanzen wurden von uns schon bei der Betrachtung der Streuung der π-Mesonen an Nukleonen (s. Abb. 7 und 8) betrachtet. Diese Resonanzen kann man mit den Nukleonen-„Resonanzen" in Verbindung bringen. Außer den Nukleonen-„Resonanzen" sind heute noch π-„Resonanzen", K-„Resonanzen" und Hyperon-„Resonanzen" entdeckt. Die wichtigsten „Resonanzen" stehen in Tabelle 5, wo auch einige mögliche Schemata ihrer Bildung und ihres Zerfalles angeführt sind.

Die „Resonanzen" kann man nicht als neue Elementarteilchen ansehen, denn sie besitzen eine relativ große Resonanzbreite. Genauso gestattet es ihre positive Wechselwirkungsenergie nicht, sie als atomähnliche Gebilde zu betrachten. Wahrscheinlich stellen sie eine neue Form der Vereinigung der Elementarteilchen dar.

Schließlich wollen wir kurz auf neuere Arbeiten von GELL-MANN und NEEMAN[1]) zur Systematik der Elementarteilchen eingehen.

---

[1]) Siehe [28].

Tabelle 4. Die Elementarteilchen

Klasse und Spin	Symbol	Ladungs-vorzeichen	Name	Masse MeV	Masse m_e	Bildungsreaktion	Zerfallsschemen	Lebensdauer sec
Boson $s = 1$	γ	0	Photon	0	0		stabil	∞
Leptonen $s = 1/2$	ν, ν'	0	Neutrino	0	0		stabil	∞
Leptonen $s = 1/2$	$\bar{\nu}, \bar{\nu}'$	0	Antineutrino					
Leptonen $s = 1/2$	e^-	−	Elektron	0,51	1	$\gamma + \gamma \rightarrow e^+ + e^-$	stabil	∞
Leptonen $s = 1/2$	e^+	+	Positron					
Leptonen $s = 1/2$ / Mesonen	μ^-	−	neg. Müon	106	207		$\mu^- \rightarrow e^- + \bar{\nu}' + \bar{\nu}$	$2{,}2 \cdot 10^{-6}$
Leptonen $s = 1/2$ / Mesonen	μ^+	+	pos. Müon*)					
Bosonen $s = 0$ / Mesonen	π^0	0	neutr. π-Meson	135	264	$p + p \rightarrow \begin{cases} p + n + \pi^+ \\ p + p + \pi^0 \end{cases}$	$\pi^0 \rightarrow \gamma + \gamma$	$1{,}8 \cdot 10^{-16}$
Bosonen $s = 0$ / Mesonen	π^-	−	neg. π-Meson	140	273	$p + \bar{p} \rightarrow 5\pi$	$\pi^- \rightarrow \mu^- + \nu'$	$2{,}5 \cdot 10^{-8}$
Bosonen $s = 0$ / Mesonen	π^+	+	pos. π-Meson					
Bosonen $s = 0$ / Mesonen	K^+	+	pos. K-Meson	494	967		$K^+ \rightarrow \begin{cases} \pi^+ + \pi^+ + \pi^- \\ \pi^+ + \pi^0 \end{cases}$	$1{,}2 \cdot 10^{-8}$
Bosonen $s = 0$ / Mesonen	$\overline{K^-}$	−	neg. Anti-K-Meson					
Bosonen $s = 0$ / Mesonen	$\overline{K^0}$	0	neutr. Anti-K-Meson (50% K_1^0)	498	974	$\pi^- + p \rightarrow K^- + K^0 + p$	$K_1^0 \rightarrow \pi^+ + \pi^-$	$1{,}0 \cdot 10^{-10}$
Bosonen $s = 0$ / Mesonen	K^0	0	neutr. K-Meson (50% K_2^0)				$K_2^0 \rightarrow \pi^+ + \pi^- + \pi^0$	$0{,}6 \cdot 10^{-7}$

Baryonen $s = 1/2$	Nukleonen	p $\bar{p}$	+ −	Proton Antiproton	938,3	1836,1		stabil	
		n $\bar{n}$	0 0	Neutron Antineutron	939,5	1838,6		$n \to p + e^- + \bar{\nu}$	$1{,}0 \cdot 10^3$
	Hyperonen	Λ $\bar{\Lambda}$	0 0	Lambda Anti-Lambda	1115	2183	$\pi^+ + n \to \Lambda + K^+$	$\Lambda \to p + \pi^-$	$2{,}6 \cdot 10^{-10}$
		Σ^+ $\bar{\Sigma}^-$	+ −	pos. Sigma-Hyperon neg. Anti-Sigma-Hyperon	1189	2328	$\pi^+ + p \to \Sigma^+ + K^+$ $\pi^- + p \to \begin{cases} \Sigma^0 + K^0 \\ \Sigma^- + K^+ \end{cases}$	$\Sigma^+ \to p + \pi^0$	$0{,}8 \cdot 10^{-10}$
		Σ^0 $\bar{\Sigma}^0$	0 0	neutr. Sigma-Hyperon neutr. Anti-Sigma-Hyperon	1192	2332		$\Sigma^0 \to \Lambda + \gamma$	$< 10^{-11}$ exp. 10^{-19} theor.
		Σ^- $\bar{\Sigma}^+$	− +	neg. Sigmahyperon pos. Antisigmahyperon	1197	2343		$\Sigma^- \to n + \pi^-$	$1{,}6 \cdot 10^{-10}$
	Kaskaden-hyperonen	Ξ^0 $\bar{\Xi}^0$	0 0	neutr. Xi-Hyperon neutr. Anti-Xi-Hyperon*)	1314	2572	$K^- + p \to \begin{cases} \Xi^0 + K^0 \\ \Xi^- + K^+ \end{cases}$	$\Xi^0 \to \Lambda + \pi^0$	$3{,}0 \cdot 10^{-10}$
		Ξ^- $\bar{\Xi}^+$	− +	neg. Xi-Hyperon pos. Anti-Xi-Hyperon	1321	2586		$\Xi^- \to \Lambda + \pi^-$	$1{,}8 \cdot 10^{-10}$
$s = 3/2$	Ω-Hyperon	Ω^- $\bar{\Omega}^+$	− +	neg. Omega-Hyperon neg. Anti-Omega-Hyperon	1675	3278	$K^- + p \to \Omega^- + K^0 + K^+$	$\Omega^- \to \Xi^0 + \pi^-$	$\sim 10^{-10}$

*) Wir führen hier nicht die Zerfallsschemata der Antiteilchen an. Um aus der Reaktion des Teilchenzerfalls das Zerfallsschema der Antiteilchen zu erhalten, müssen alle Teilchen gegen ihre entsprechenden Antiteilchen ausgetauscht werden.

Tabelle 5. Die „Hauptresonanzen“

Bezeichnung	Symbol	Isospin	Spin	Masse MeV	Breite der Resonanz in MeV	Mögliches Bildungsschema	Mögliches Zerfallsschema
π-„Resonanzen“ $S = 0$; $B = 0$	ϱ ω η φ	1 0 0 0	1 1 0 1	763 782 548 1020	106 8 7 3	$\pi + N \to N + \varrho$ $\overline{N} + N \to \omega + 2\pi$ $\pi^- + p \to \eta + n$	$\varrho \to 2\pi$ $\omega \to 3\pi$ $\eta \to 3\pi, 2\gamma$ $\varphi \to K_1^\circ K_2^\circ, \pi p + 3\pi$
K-„Resonanzen“ $S = 1$; $B = 0$	K^*	$^1/_2$	1	890	50	$K + N \to K^* + N$	$K^* \to K + \pi$
Nukleonen-„Resonanzen“ $S = 0$; $B = 1$	N^* N^{**} N^{***} N^{****}	$^3/_2$ $^1/_2$ $^1/_2$ $^3/_2$	$^3/_2$ $^3/_2$ $^5/_2$ $^7/_2$	1237 1515 1688 1920	125 125 100 170	$\pi + N \to N^*$	$N^* \to N + \pi$
Hyperonen-„Resonanzen“ $S = -1$; $B = 1$	Σ^* Λ^* Λ^{**}	1 0 0	$^3/_2$ $^1/_2$ $^3/_2$	1382 1405 1518	53 50 16	$\overline{K} + N \to Y_1^* + \pi$	$\Sigma^* \to \Lambda + \pi,\ \Sigma + \pi$ $\Lambda^* \to \Sigma + \pi,\ \Lambda + 2\pi$
Kaskaden-„Resonanzen“ $S = -2$, $B = 1$	Ξ^*	$^1/_2$	$^3/_2$	1530	7	$\overline{K} + N \to \Xi^* + K$	$\Xi^* \to \Xi + \pi$

Die Massen sind im Schwerpunktssystem angegeben. N bedeutet Nukleon, d. h. Proton oder Neutron, und $\overline{N}$ bedeutet Antinukleon. Die Lebensdauer der „Resonanzen“ beträgt 10^{-20}–10^{-22} sec, d. h., sie ist um vieles kleiner als die Lebensdauer der Elementarteilchen. Auch die Nukleonen-„Resonanzen“ erscheinen als Maxima bei der Streuung von π-Mesonen an Nukleonen. Zum Beispiel ist die Resonanz im Ruhesystem des Protons gleich der kinetischen Energie der π-Mesonen von 180 MeV (s. Abb. 7 und 8), das entspricht (im Schwerpunktssystem) einer Gesamtenergie von 1238 MeV, d. h. der N^*-„Resonanz“. Die Existenz ist nur für die „Resonanzen“ genau erwiesen, für die der Spin mit Ziffern angegeben ist.

Sie vereinigten die Teilchen in Gruppen mit ein und demselben Wert des Spins und mit gleicher innerer Parität[1]), aber mit voneinander verschiedenen Werten der Hyperladung, deren Summe gleich der Baryonenladung plus der Strangeness ist ($Y = B + S$), und des Isospins. Dabei bildeten sie drei Oktett-Gruppen (8-wertig) und eine 10-Gruppe (10-wertig).

In zwei Oktett-Gruppen vereinigten sie die Mesonen und ihre Resononen mit negativer innerer Parität und mit einem Spin, der gleich a) Null ($s = 0$) und b) Eins ($s = 1$) ist. In einer Oktett-Gruppe und der einen 10-Gruppe vereinigten sie die Baryonen und ihre Resononen mit positiver innerer Parität und mit dem Spin gleich c) $^1/_2$ ($s = {}^1/_2$, Oktett-Gruppe) und d) $^3/_2$ ($s = {}^3/_2$, 10-Gruppe). Alle diese Gruppen sind in Abb. 14 dargestellt, wo auf der Abszisse der Isospin I_3 und auf der Ordinate die Hyperladung $Y = B + S$ aufgetragen sind.

In den ersten zwei Gruppen treten für die Mesonen ($B = 0$) sowohl Teilchen als auch ihre entsprechenden Antiteilchen auf (siehe die Fälle a) und b)). In der Gruppe der Baryonen (siehe die Fälle c) und d)) treten nur die Teilchen auf ($B = 1$).

Für die Antibaryonen ($B = -1$) kann man ein analoges Diagramm mit den Werten $Y \to -Y$, $I_3 \to -I_3$ bilden. Aus dem Diagramm a) sieht man, daß das η-Resonon in die Gruppe der Mesonen eingeht. Man spricht davon, daß in der Systematik der Elementarteilchen kein Unterschied zwischen den Teilchen und den Resonanzen existiert.

---

[1]) Teilchen, die einer skalaren Gleichung genügen, besitzen positive Parität, da sich das Vorzeichen ihrer Wellenfunktion bei einer Raumspiegelung ($\mathfrak{r} \to -\mathfrak{r}$) nicht ändert. Im Fall einer pseudoskalaren Gleichung (π-Mesonen) ist die Parität negativ. Auf diese Art besitzt die Wellenfunktion eines Bosons eine absolute Parität. Für Teilchen, die der DIRAC-Gleichung genügen (Fermionen), können wir nur eine relative Parität einführen, da sich bei einer Raumspiegelung die Wellenfunktion folgendermaßen verhält: $\psi \to \varrho_3 \psi$, d. h. $\psi_{1,2} \to \psi_{1,2}$; $\psi_{3,4} \to -\psi_{3,4}$. Wenn man z. B. einem Nukleon (n, p) eine positive Parität zuschreibt, findet man, daß das Antinukleon ($\bar{n}$, $\bar{p}$) eine negative Parität besitzt.

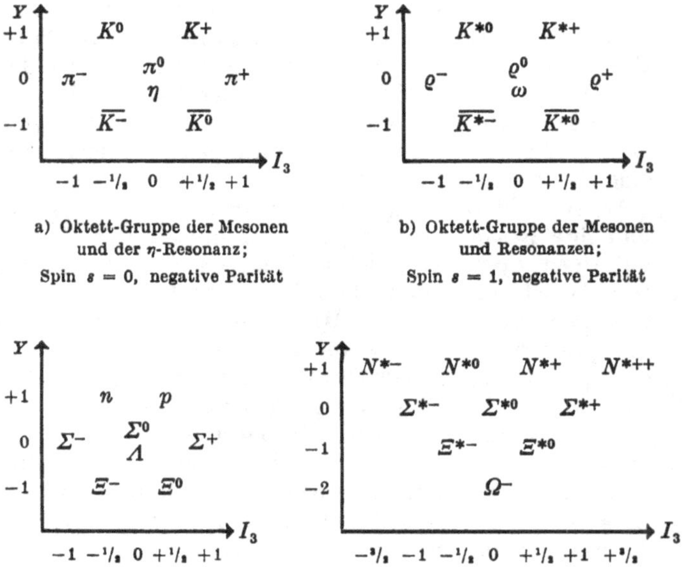

a) Oktett-Gruppe der Mesonen und der η-Resonanz; Spin $s = 0$, negative Parität

b) Oktett-Gruppe der Mesonen und Resonanzen; Spin $s = 1$, negative Parität

c) Oktett-Gruppe der Baryonen; Spin $s = 1/2$, positive Parität

d) 10-Gruppe der baryonischen Resonanzen und des Ω^--Baryons; Spin $s = 3/2$, positive Parität

Abb. 14. Gruppen von Elementarteilchen

Im folgenden wenden wir uns dem Diagramm der 10-Gruppe zu. Es wurde vor der Entdeckung der Ω^--Hyperonen zusammengestellt. Auf Grund dieses Diagramms wurde nicht nur die Existenz des Ω^--Hyperons vorausgesagt, sondern auch seine grundlegenden Charakteristiken, wie Spin, Ladung, Strangeness und sogar die Masse (auf Grund der Massenformel von Okubo, die für die 10-Gruppe die Form $M = \text{const} - \text{const}\, Y$ annimmt) gefunden.

Viele Resonanzen (z. B. N^{**}, Λ^*, Λ^{**} und andere), die wir nicht in unserer Tabelle aufgeführt haben, bilden allem Anschein nach eine neue Gruppe. In die schon vollständig gefüllten Gruppen passen sie, wie zu erwarten war, nach keiner ihrer Charakteristiken (Spin, Parität) hinein.

Weiter ist zu bemerken, daß in letzter Zeit eine Reihe von Versuchen gemacht wurde, in denen die Elementarteilchen als Verbindung anderer noch einfacherer Teilchen betrachtet wurden.

So wurde z. B. seinerzeit die Neutrinotheorie des Lichtes entwickelt, nach der ein Photon als Vereinigung von Neutrino und Antineutrino betrachtet wird. Da wir noch wenig experimentelle Ergebnisse über die Struktur der Leptonen besitzen, beschäftigen sich gegenwärtig die Arbeiten hauptsächlich mit der Struktur der starkwechselwirkenden Teilchen.

Ein erster Versuch wurde von SAKATA gemacht. Er wählte als Fundamentalteilchen p, n, Λ und die entsprechenden Antiteilchen $\bar{p}$, $\bar{n}$, $\bar{\Lambda}$ aus. Mit Hilfe dieser Teilchen war es möglich, eine Mesonen-Oktett-Gruppe zusammenzustellen, aus ihr kann man aber weiter keine Nukleonen-Oktett-Gruppe und auch keine 10-Gruppe bilden.

Um diese Schwierigkeit zu lösen, schlug GELL-MANN vor, neue Fundamentalteilchen einzuführen, die von den Fundamentalteilchen SAKATAS verschieden sind und bei denen gebrochene Werte der Elektronen- und Baryonen-Ladung vorhanden sind.[1]) Zur Unterscheidung von den SAKATAschen Teilchen werden wir sie mit einem Sternchen kennzeichnen.

---

[1]) Diese Fundamentalteilchen nannte GELL-MANN *Quark* (s. [29]). Für alle diese Quarks gilt die Formel von GELL-MANN und NISHIJIMA:

$$Q = I_3 + \frac{S + B}{2}.$$

Wenn die Quarks nicht entdeckt werden sollten, so stellen sie dennoch ein zeitweiliges Modell für das Verstehen der Entstehung der Oktett-Gruppe und der 10-Gruppe dar.

Diese Teilchen haben die Merkmale:

Symbol des „Quarks“	p^*	n^*	Λ^*
Q	$^2/_3$	$-^1/_3$	$-^1/_3$
B	$^1/_3$	$^1/_3$	$^1/_3$
S	0	0	-1
I_3	$^1/_2$	$-^1/_2$	0

Die entsprechenden Antiteilchen, die wir durch einen Querstrich kennzeichnen, haben die entgegengesetzten Werte dieser Quantenzahlen. Der Spin aller dieser Quarks ist gleich $^1/_2$.

Wenn der Spin aller Quarks ein und dieselbe Richtung hat (ohne Beschränkung der Allgemeinheit können wir diesen Spin in Richtung der z-Achse annehmen), so werden wir schreiben

$$p^* n^* \to p^*_{1/2} n^*_{1/2}.$$

Entgegengesetzt gerichtete Spins werden wir durch eckige Klammern ausdrücken:

$$[p^* n^*] \to \frac{1}{\sqrt{2}} (p^*_{1/2} n^*_{-1/2} - p^*_{-1/2} n^*_{1/2}).$$

Außerdem setzen wir voraus, daß $[p^* p^*] = 0$ usw. Aus diesen Quarks stellen wir durch folgende Methode drei Oktett-Gruppen und eine 10-Gruppe auf.

a) Oktett-Gruppe der Mesonen ($s = 0$, absolute Parität negativ):

$$K^0 = [n^* \bar{\Lambda}^*], \quad K^+ = [p^* \bar{\Lambda}^*],$$

$$\pi^- = [\bar{p}^* n^*], \quad \pi^0 = \frac{1}{\sqrt{2}} ([p^* \bar{p}^*] - [n^* \bar{n}^*]), \quad \pi^+ = [p^* \bar{n}^*],$$

$$\eta = \frac{1}{\sqrt{2}} ([p^* \bar{p}^*] + [n^* \bar{n}^*]),$$

$$\overline{K^-} = [\bar{p}^* \Lambda^*], \quad \overline{K^0} = [\bar{n}^* \Lambda^*].$$

b) Oktett-Gruppe der Mesonen-Resonanzen ($s = 1$, absolute Parität negativ):

$$K^{*0} = n^*\Lambda^*, \quad K^{*+} = p^*\Lambda^*,$$

$$\varrho^- = \bar{p}^* n^*, \quad \varrho^0 = \frac{1}{\sqrt{2}}(p^*\bar{p}^* - n^*\bar{n}^*), \quad \varrho^+ = p^*\bar{n}^*,$$

$$\omega = \frac{1}{\sqrt{2}}(p^*\bar{p}^* + n^*\bar{n}^*),$$

$$\bar{K}^{*-} = \bar{p}^*\Lambda^*, \quad \bar{K}^{*0} = \bar{n}^*\Lambda^*.$$

c) Oktett-Gruppe der Baryonen ($s = 1/2$, relative Parität positiv):

$$n = n^*[p^* n^*], \quad p = p^*[p^* n^*],$$

$$\Sigma^- = n^*[n^*\Lambda^*], \quad \Sigma^0 = \frac{1}{\sqrt{2}}(p^*[n^*\Lambda^*] + n^*[p^*\Lambda^*]),$$

$$\Sigma^+ = p^*[p^*\Lambda^*],$$

$$\Lambda = \Lambda^*[p^* n^*],$$

$$\Xi^- = \Lambda^*[n^*\Lambda^*], \quad \Xi^0 = \Lambda^*[p^*\Lambda^*].$$

d) 10-Gruppe der Baryon-Resonanzen ($s = 3/2$, relative Parität positiv):

$$N^{*-} = n^* n^* n^*, \qquad N^{*0} = p^* n^* n^*,$$

$$N^{*+} = p^* p^* n^*, \qquad N^{*++} = p^* p^* p^*,$$

$$\Sigma^{*-} = n^* n^* \Lambda^*, \quad \Sigma^{*0} = p^* n^* \Lambda^*, \quad \Sigma^{*+} = p^* p^* \Lambda^*,$$

$$\Xi^{*-} = n^*\Lambda^*\Lambda^*, \quad \Xi^{*0} = p^*\Lambda^*\Lambda^*,$$

$$\Omega^- = \Lambda^*\Lambda^*\Lambda^*.$$

Gell-Mann und Neeman versuchten die Begründung für die Teilchenanzahl, die in der Gruppe (Oktett-, 10-Gruppe) enthalten ist, vom Gesichtspunkt der Gruppentheorie aus zu geben.

Sie glauben, daß die starke Wechselwirkung, die zu den Oktupletten und Dekupletten führt, eine bestimmte Symmetrie besitzt, die invariant bezüglich unitärer Transformationen im dreidimensionalen (drei Fundamentalteilchen) komplexen (Teilchen und Antiteilchen) Raum ist.[1])

Wenn wir dementsprechend die Quarks sowie p^*, n^* und Λ^* mit den unteren Indizes 1, 2, 3 bezeichnen, und mit den oben stehenden die ihnen entsprechenden Antiteilchen, so können wir die ersten zwei Gruppen (a, b) der Mesonen und ihrer Resonanzen, die aus einem Teilchen und einem Antiteilchen dargestellt werden, als acht unabhängige Wellenfunktionen A_k^l $(k, l = 1, 2, 3)$ schreiben, wobei alle diese Komponenten durch die eine Beziehung $\sum_{k=1}^{3} A_k^k = 0$ zusammenhängen.[2])

Die Baryonen-Gruppe, die aus drei Teilchen gebildet wird, können wir mit der Wellenfunktion A_{klm} beschreiben, für die die Bedingungen $A_{klm} = -A_{kml}$ und $A_{klm} + A_{lmk} + A_{mkl} = 0$ auch acht unabhängige Komponenten ergeben.

Schließlich können wir die 10-Gruppe der Baryon-Resononen mit Hilfe von zehn unabhängigen Wellenfunktionen A_{klm} schreiben, die bezüglich der Permutation der Indizes klm symmetrisch sind.

Es muß noch bemerkt werden, daß das Modell von Sakata und auch seine Weiterentwicklung, die Gell-

---

[1]) Gell-Mann und Neeman selbst schlugen vor, diese unitäre Transformation als SU_3-Gruppe zu bezeichnen.

[2]) Es ist möglich, daß der Skalar $A = \sum_{k=1}^{3} A_k^k$ nicht gleich Null ist. Dann muß er einen Singlett-Zustand beschreiben.

So erhält man die Möglichkeit, zusammen mit der ω-Resonanz auch die φ-Resonanz in das Gell-Mann- und Zweig-Schema bei $s = 1$ einzuschalten.

Mann u. a. vorgeschlagen haben, große Aufmerksamkeit und eine weitere Entwicklung verdienen.

Es steht daher vor den Wissenschaftlern die Aufgabe, eine Theorie der starken Kopplung zu schaffen, die vor allem ein Massenspektrum der Elementarteilchen liefert. Es ist möglich, daß die Untersuchung des Massenspektrums gestattet, die Gesetzmäßigkeiten der stark wechselwirkenden Teilchen ähnlich zu klären, wie die Analyse der optischen Spektren seinerzeit zur Quantenmechanik führte.

Die Aufstellung der „Resonanzen"-Spektren (Energie, Spin, Isospin, Parität usw.) ist eine vorrangige Aufgabe der Theorie der starken Wechselwirkungen.

Die in der letzten Zeit entwickelte dynamische Quantentheorie der starken Kopplung, die noch sehr unvollkommen ist, kann man in erster Näherung in Feldtheorie und phänomenologische Theorie unterteilen.

In der Feldtheorie muß vor allem auf die nichtlineare Wellengleichung von Iwanenko und Heisenberg hingewiesen werden, die schon einige qualitative Resultate lieferte, z. B. das Massenspektrum der stark wechselwirkenden Teilchen. Feldmethoden der Untersuchung begann auch Schwinger zu entwickeln. Einen Erfolg errang man mit Hilfe der gewöhnlichen Dispersionsrelationen (Goldberger, Bogoljubow u. a.) und speziell mit den Doppeldispersionsrelationen (Mandelstam, Chew u. a.). In den letzteren Arbeiten, die man mehr zur phänomenologischen Theorie zählen muß, wurden, ausgehend von einer Reihe allgemeiner Prinzipien (Kausalität, Unitarität u. a.), einige qualitative Ergebnisse ohne Einführung definierter Feldwechselwirkungen zwischen den Teilchen erhalten. Schließlich wurden in der allerletzten Zeit, ausgehend von den Regge-Polen, einige äußerst wichtige Ergebnisse in der Theorie der starken Wechselwirkung erhalten. Die Regge-Theorie ist eine Weiterentwicklung der Potentialstreuung der gewöhnlichen Quantenmechanik. In ihr wird gezeigt, daß in der Theorie der Potentialstreuung die Pole nicht nur auf der reellen

Achse liegen können, sondern auch in der komplexen Drehimpulsebene.

Wenn man diese Theorie auf die stark wechselwirkenden Teilchen anwendet, dann kann man speziell zeigen, daß Bildung von „Resonanzen“ vorliegt (CHEW, POMERANTSCHUK), wenn ein entsprechender Pol in der komplexen Drehimpulsebene liegt.

Es gibt also die begründete Hoffnung, daß trotz allem die Theorie der starken Wechselwirkungen in der nächsten Zeit geschaffen wird, obwohl eine Verallgemeinerung der REGGE-Theorie auf die Untersuchungen der π-Nukleon-Streuung im Gebiet hoher Energien keine gute Übereinstimmung mit den letzten experimentellen Daten ergeben hat.

Wenn wir die frühere Entwicklung der Elementarteilchentheorie analysieren, dann muß festgestellt werden, daß eine Reihe neuer Teilchen in den kosmischen Strahlen entdeckt wurden, das Positron (ANDERSON 1932), die μ-Mesonen (NEDDERMEIER und ANDERSON 1937), π-Mesonen (POWELL 1947), einige K-Mesonen (LEPRINCE-RINGUET, O'CEALLAIGH, u. a. 1942—47), einige Hyperonen (ROCHESTER und BUTTLER 1947); jedoch gelangen die grundlegenden Untersuchungen mit Elementarteilchen erst nach dem Bau der großen Beschleuniger.

So wurde z. B. an den Protonenbeschleunigern „Kosmotron“ für 3,5 GeV, „Bevatron“ für 6,5 GeV (USA) und dem Synchrotron für 10 GeV (Dubna, UdSSR) monochromatische Strahlen von π-Mesonen, K-Mesonen, Hyperonen erzeugt, und auch neue Teilchen entdeckt: Antiprotonen, Antineutronen (SEGRÉ, CHAMBERLAIN u. a. 1955), die Familie der Hyperonen und Antihyperonen. Die Beschleuniger (ungefähr für 30 GeV) im CERN (Genf) und in Brookhaven (USA) sind für sehr intensive Antiprotonenstrahlen eingerichtet (AGS). Kürzlich wurde mitgeteilt, daß an diesen großen Beschleunigern das $\overline{\Xi}^-$-Hyperon, das $\overline{\Xi}^0$-Hyperon und auch das Müonneutrino (LEDERMAN, STEINBERGER u. a.), das von B. M. PONTECORVO vorhergesagt wurde, entdeckt worden sind.[1]) Gegenwärtig wird in der UdSSR in der Stadt Serpuchow ein noch größerer Protonenbeschleuniger für Energien der Größenordnung von 70 GeV gebaut.

Bekanntlich konnten die Wissenschaftler viele Details des Weltalls erst betrachten, nachdem Teleskope gebaut waren. In der Mikrowelt entspricht dem Teleskop der Beschleuniger. Ein durch geladene Teilchen geschaffener schneller Teilchenstrom kann für den Beschuß anderer Elementarteilchen benutzt werden, so erhält man experimentelle Daten über ihre Struktur. Je größer die Beschleuniger sind, um so größer sind die Details der Elementarteilchen, die man „sehen" kann.

Es soll unterstrichen werden, daß eine große Rolle in der Entwicklung der Elementarteilchentheorie die Elektronenbeschleuniger spielen werden. Die schnellen Elektronen, die keine kernaktiven Teilchen sind, durchdringen relativ leicht die Nukleonen und vermitteln viele Details ihrer inneren Struktur, die man mit noch größeren Protonenbeschleunigern nicht „sehen" kann.

In diesem Zusammenhang erinnern wir daran, daß mit den heute arbeitenden relativ kleinen Elektronenbeschleunigern mit einer Energie von ungefähr 1 GeV schon die elektromagnetische Struktur der Nukleonen gefunden wurde (Versuche von HOFSTADTER und WILSON).

Vor kurzem begann die Arbeit mit einem Elektronenbeschleuniger für eine Energie von 6 GeV an der Harvard-Universität (USA), der noch feinere Details der Nukleonenstruktur erkennen helfen soll. Bald werden Elektronenbeschleuniger mit noch größerer Energie in Hamburg (DESY) und Jerewan (UdSSR) in Betrieb genommen. Beim Bau zyklischer Elektronenbeschleuniger müssen die Verluste durch die Synchrotronstrahlung berücksichtigt werden (s. die Arbeiten von D. D. IWANENKO und I. J.

---

[1]) Wir erhielten die Mitteilung von der Entdeckung des Ω^--Hyperons ebenfalls aus dem Laboratorium von Brookhaven. Diese Entdeckung bestätigt nochmals die Richtigkeit des Schemas von GELL-MANN und NISHIJIMA.

Pomerantschuk, L. A. Arzimowitsch, A. A. Sokolow), die in den Protonenbeschleunigern praktisch fehlt. Das Maximum der Synchrotronstrahlung liegt bei sehr hohen Frequenzen, wodurch sie, wir haben schon darauf hingewiesen, bei relativ großen Energien Fluktuationscharakter annimmt, was seinerseits eine Quantenerregung der Betatronschwingungen hervorruft (s. die Arbeiten von A. A. Sokolow, I. M. Ternow, M. Sands, A. A. Kolomenskij u. a.). Diese Quantenfluktuationen wurden experimentell von F. A. Korolew (UdSSR) und auch von Sands (USA) beobachtet. Durch die Synchrotronschwingungen ist der Bau zyklischer Elektronenbeschleuniger mit Energien von über 1 GeV mit großen Schwierigkeiten verbunden, und deshalb begannen die Wissenschaftler mit der Ausarbeitung und dem Bau von Linearbeschleunigern und suchten Wege zur Unterdrückung der Quantenfluktuation. In Stanford wird unter der Leitung von V. Panovsky ein linearer Elektronenbeschleuniger für 40 GeV gebaut (Monster).

Wir wollen noch feststellen, daß die relative Energie stark erhöht werden kann, wenn man Beschleuniger mit gegenläufigen Strahlen baut.

Wir hatten schon gesagt, daß in Frascati (in der Nähe Roms) die ersten Ringspeicher für schnelle Elektronen und Positronen (Ada) mit Energien von 250 MeV gebaut wurden. Es besteht die reale Möglichkeit, Versuche zur Streuung von Elektronen im gegenläufigen Strahl an Elektronen und Positronen auszuführen und Kenntnisse über ihre Struktur zu erhalten. Dort begann auch der Bau eines Elektronen-Positronen-Speicherringes für Energien von 1,5 GeV (Adone).

Der Bau eines großen Beschleunigers dauert 5—10 Jahre und erfordert die Mitarbeit vieler Gebiete der Volkswirtschaft, in erster Linie die Entwicklung der Radioelektronik und die technische Vervollkommnung der Rechen-, Steuer- und Informationsautomatik, die im grandiosen Programm der KPdSU, bestätigt auf dem XXII. Parteitag, vorgesehen ist.

Auf der Sitzung der Akademie der Wissenschaften der UdSSR vom Februar 1962 wurde speziell die Frage eines neuen Prinzips, das die Bezeichnung Autokorrektion erhielt, für Protonenbeschleuniger beraten. Dieses Prinzip wurde von den sowjetischen Wissenschaftlern E. L. BURSTEIN, A. A. WASILJEW, A. L. MINTZ, W. A. PETUCHOW und S. M. RUBTSCHINSKIJ ausgearbeitet.

Es ist bekannt, je größer die Energie des Beschleunigers ist, desto größer ist die Entfernung, die die Teilchen im Beschleunigungsprozeß zurücklegen müssen. So legt z. B. das Proton in einem zyklischen Protonenbeschleuniger mit starker Fokussierung, bis es eine Energie von 30 GeV erreicht hat, einen Weg zurück, der ungefähr der Entfernung Erde—Mond entspricht.[1]) Der Strahl darf hierbei, um ihn im Beschleunigungszyklus zu halten, nicht mehr als ein oder zwei Zentimeter von der berechneten Bahn abweichen. Anderenfalls verläßt er den Beschleunigungszyklus. In allen existierenden Beschleunigern müssen alle möglichen Bahnabweichungen von vornherein berücksichtigt werden, da nach dem Start des Beschleunigers sich das elektromagnetische Feld in Abhängigkeit von der Bewegung des Strahles ändert. Bei der neuen Beschleunigungsmethode (Autokorrektion) ist eine örtliche automatische Regulierung der Magnetfeldcharakteristik aus Informationen der Strahllage vorgesehen, wodurch die zufälligen Abweichungen des Strahles ausgeglichen werden. Diese Methode gestattet es nach Rechnungen der sowjetischen Autoren, Protonenbeschleuniger (kybernetische Beschleuniger) mit Energien bis zu 1000 GeV zu bauen.

Wenn für diese Energie nicht ein sondern zwei Beschleuniger gebaut werden, und ein Zusammenstoß der Strahlen realisiert wird, dann kann die Energie eines Protons in bezug auf das entgegenkommende bis zu 10^{15} eV ver-

---

[1]) Gegenwärtig werden im CERN und im Lawrence-Strahlungslaboratorium in Berkley (USA) Protonenbeschleuniger mit starker Fokussierung für 300 GeV Energien projektiert.

größert werden. Diese Ziffer ist augenblicklich die theoretische Grenze, die im Prinzip heute auf der Erde künstlich für schwere Teilchen erreicht werden kann. In den kosmischen Strahlen wurden schon (zwar nur Einzelfälle) Teilchen mit Energien mit 10^{19} eV beobachtet. Jedoch liefern einzelne kosmische Teilchen mit so großer Energie wenig für die Strukturuntersuchung der Elementarteilchen, da man dazu hinreichend intensive Strahlen benötigt.

Literaturverzeichnis

[1] Gell-Mann, M., und Rosenbaum, E. (Гелл-Манн, M., и Розенбаум, E.), Elementarteilchen (Элементарные частицы). Uspechi fis. Nauk **64** (1958) 391.

[2] Iwanenko, D. D., und Starzew, A. A. (Иваненко, Д. Д., и Старцев, A. A.), Klassifikation der Elementarteilchen (Классификация элементарных частиц). Uspechi fis. Nauk **72** (1960) 765.

[3] Snow, G., und Schapiro, M. (Сноу, Г., и Шапиро, M.), Mesonen und Hyperonen (Мезоны и гипероны). Uspechi fis. Nauk **74** (1961) 125.

[4] Hagedorn, R., Neue Ergebnisse in der Physik der Elementarteilchen. Acta Physica Austria **16** (1963) 217.

[5] Blochinzew, D. I., Baraschenkow, W. S., und Barbaschew, B. M., (Блохинцев, A. И., Барашенков, B. C., и Барбашев, Б. M.), Struktur der Nukleonen (Структура нуклонов). Uspechi fis. Nauk **68** (1959) 417.

[6] Drell, S., und Zachariasen, F., (Дрелл, C., и Захариазен, Ф.), Elektromagnetische Struktur der Nukleonen (Электромагнитная структура нуклонов). Verlag für fremdsprachige Literatur, Moskau 1962.

[7] Schopper, H., Elektromagnetische Struktur der Protonen und Neutronen. Physik. Bl. **7** (1961) 316.

[8] Bohr, N. (Бор, H.), Die Einheit der menschlichen Bildung (Единство человеческого знания). Technik der Jugend (1961) No. 8.

[9] Sokolow, A. A., und Tumanow, W. S. (Соколов, A. A., и Туманов, B. C.), Ungenauigkeitsrelation und Fluktuationstheorie (Соотношение неопределенности и теория флуктуаций). Shurn. exp. teor. Fis. **30** (1956) 802.

[10] Sokolow, A. A., und Lysow, B. A., Motion of Elektron with Radiation Damping and Boundary Conditions. Phys. Rev. **128** (1962) 2422.

[11] Sokolow, A. A., und Ternow, I. M. (Соколов; А. А., и Тернов, И. М.), Zur Quantentheorie des leuchtenden Elektrons (К квантовой теории с ветящегося электрона). Shurn. exp. theor. Fis. **25** (1953) 698.

[12] Kolomenskij, A. A., und Lebedew, A. N. (Коломенский, А. А., и Лебедев, А. Н.), Über den Einfluß der Quantenfluktuation auf die Messung der Bahn der Elektronen im Magnetfeld (О влиянии квантовых флуктуаций измерения на траектории электрона в магнитной поле). Shurn. exp. teor. Fis. **30** (1956) 205.

[13] Korolev, F., und Mitarbeiter, Quantum Excitation and Radiational Damping of Electron Oscillation in Cyclic Accelerators, Nuovo Cimento **18** (1960) 1033.

[14] Sands, M., Synchrotron Oscillations Induced by Radiation Fluctuations, Phys. Rev. **97** (1955) 470; Observation of Quantum Effects in an Electron Synchrotron, Nuovo Cimento **15** (1960) 599.

[15] Pontekorwo, B. M. (Понтекорво, Б. М.), Das nichtfangbare Neutrino (Неуловимое нейтрино). Wissen ist Macht (1961) No. 2. Elektronen- und Müonenneutrino (Электронные и мюонные нейтрино). Shurn. exp. teor. Fis. **37** (1959) 1751.

[16] Sokolow, A. A., On the polarization of electron waves. Journ. Phys. USSR **9** (1945) 363.

[17] Sokolow, A. A., Longitudinale Polarisation von Dirac-Teilchen und Nichterhaltung der Parität. Max-Planck-Festschrift, S. 309, VEB Deutscher Verlag der Wissenschaften, Berlin 1958.

[18] Sokolow, A. A., und Kerimow, B. K., Zur Theorie der Dirac-Teilchen mit orientiertem Spin, Ann. Phys. **2** (1958) 46.

[19] Sokolow, A. A. (Соколов, А. А.), Einführung in die Quantenelektrodynamik (Введение в квантовую электродинамику). Fismatgis, Moskau 1958.

[20] Sokolow, A. A. (Соколов, А. А.), Einige methodische Fragen der Theorie der Nichterhaltung der Parität (Некоторые методологические вопросы теории несохранения четности). Philosophische Fragen (1959) Nr. 10.

[21] Sokolow, A. A., und Kolesnikowa, M. M. (Соколов, А. А., и Колесникова, М. М.), Über die Streuung transversal-

polarisierter Fermionen (О рассеянии поперечно поляризованных фермионов). Shurn. exp. teor. Fis. 38 (1960) 1778.

[22] SOKOLOW, A. A., Über das Verhalten des Spins von Dirac-Teilchen bei Streuprozessen. Ann. Phys. 8 (1961) 237.

[23] BOGOLJUBOW, N. N., MEDWEDJEW, B. M., und POLIWANOW, M. K. (Боголюбов, Н. Н., Медведев, Б. М., и Поливанов, М. К.), Fragen der Theorie der Dispersionsrelationen (Вопросы теории диспрерсных соотношений). Fismatgis, Moskau 1958.

[24] SOKOLOW, A. A., und KERIMOW, B. K. (Соколов, А. А., и Керимов, Б. К.), Zur Streutheorie der Dirac-Teilchen unter Berücksichtigung der Dämpfung (К теории рассеяния дираковских частиц с учетом затухания). Dokl. Akad. Nauk SSSR 105 (1955) 961.

[25] IWANENKO, D. D., und SOKOLOW, A. A. (Иваненко, Д. Д., и Соколов, А. А.), Klassische Feldtheorie (Классическая теория поля). Fismatgis, Moskau 1951. Deutsche Übersetzung: Akademie-Verlag, Berlin 1953.

[26] BURSTEIN, E. L., WASILJEW, A. A., MINTZ, A. L., PETUCHOW, W. A., und RUBTSCHINSKIJ, S. M., (Бурштейн, Э. Л., Васильев, А. А., Минц, А. Л., Петухов, В. А., и Рубчинский, С. М.), Anwendung des Prinzips der Autokorrektur des Feldes in zyklischen Beschleunigern für superhohe Energien (Применение принципа автокоррекции поля в циклических ускорителях на сверхвысокие энергии). Atomenergie 12 (1962) 111.

[27] LEDERMAN, L., STEINBERGER, J., u. a., Observation of hight-energy neutrino reaction and the existence of two kinds of neutrinos. Phys. Rev. Letters 9 (1962) 36.

[28] Elementarteilchen und kompensierende Felder (Элементарные частицы и компенсирующие поля). Artikelsammlung unter Redaktion und mit einem einführenden Beitrag von D. D. Iwanenko (Д. Д. Иваненко), Moskau 1964.

[29] GELL-MANN, M., A schematic model of baryons and mesons. Physics Letters 8 (1964) 214; ZWEIG, G., Preprint, CERN, 1964.

Übersetzung wichtiger Fachausdrücke in die russische und englische Sprache

Annihilation	аннигиляция	annihilation
Antineutrino	антинейтрино	antineutrino
Betatronschwingung	бетатронное колебание	betatron-oscillation
Boson	бозон	boson
Dispersionsrelation	дисперсионное соотношение	relation of dispersion
Elektron	электрон	electron
Elektronenoptik	электронная оптика	electron optics
Elektronenvolt	электроновольт	electron-volt
Elementarladung	элементарный заряд	elementary charge
Elementarteilchen	элементарная частица	elementary particle
Fermion	фермион	fermion
Halbwertszeit	период полураспада	half period
Hauptquantenzahl	главное квантовое число	principal quantum number
Hyperon	гиперон	hyperon
Inversion des Raumes	инверсия пространства	inversion of the space
Isospin	изотопический спин	isobaric spin
Kern	ядро	nuclear
Kernmagneton	ядерный магнетон	nuclear magneton
Ladung	заряд	charge
Meson	мезон	meson
Neutron	нейтрон	neutron
Nukleon	нуклеон	nucleon

Parität	четность	parity
Photon	фотон	photon
Polarisation	поляризация	polarization
Positron	позитрон	positron
Positronium	позитроний	positronium
Proton	протон	proton
Quantelung	квантование	quantization
Quantentheorie	квантовая теория	quantum theory
Ruhemasse	масса покоя	rest mass
Spektrallinie	спектральная линия	spectral line
Spin	спин	spin
Synchrotron	синхротрон	synchrotron
Vakuumtheorie	теория вакуума	vacuum theory
Wechselwirkung	взаимодействие	interaction
Zeitumkehr	обращение времени	inversion of time
Zerfallswahrscheinlichkeit	вероятность распада	decay probability

Namenverzeichnis

Sachverzeichnis

Der Verfasser

- erläutert auf leicht verständliche Weise die gegenwärtig wichtigen Probleme der Elementarteilchenphysik: das Antiteilchenproblem, die innere Struktur des Nukleons, die Nichterhaltung der Parität, die Symmetriegesetze der Wechselwirkungen und die Bildung von Resonanzzuständen

- geht in seiner Darstellung auf die neuesten Forschungsergebnisse der letzten Jahre ein

- gibt einen im deutschsprachigen Schrifttum bisher noch nicht vorhandenen Überblick über das Gebiet der Elementarteilchenphysik

WISSENSCHAFTLICHE TASCHENBÜCHER

MIX
Papier | Fördert
gute Waldnutzung
FSC® C083411

Zeitfracht Medien GmbH
Ferdinand-Jühlke-Straße 7
99095 Erfurt, Deutschland
produktsicherheit@kolibri360.de